景观设计方法与实例

吕桂菊◎著

中国建材工业出版社

图书在版编目（CIP）数据

景观设计方法与实例 / 吕桂菊著 . -- 北京 ： 中国
建材工业出版社，2022.7（2023.8 重印）

ISBN 978-7-5160-3469-9

Ⅰ．①景… Ⅱ．①吕… Ⅲ．①景观设计 Ⅳ．
① TU983

中国版本图书馆 CIP 数据核字（2021）第 276714 号

景观设计方法与实例
Jingguan Sheji Fangfa yu Shili
吕桂菊 著

出版发行：中国建材工业出版社
地 址：北京市海淀区三里河路 11 号
邮政编码：100831
经 销：全国各地新华书店
印 刷：北京印刷集团有限责任公司
开 本：787mm×1092mm 1/16
印 张：15
字 数：310 千字
版 次：2022 年 7 月第 1 版
印 次：2023 年 8 月第 2 次
定 价：59.00 元

·前 言·

景观是土地及土地上的空间和物体所构成的综合体，是复杂的自然过程和人类活动在大地上的烙印。随着人们环境意识的加强，环境景观设计行业遇到了难得的发展机遇和挑战，景观设计师规划着未来，城乡一体化的发展给人类带来经济繁荣和社会进步的同时，也面临着许多现实问题，不断出现形式化的、缺乏对人与环境真实关怀的、趋同化的、武断的景观设计。《景观设计方法与实例》从方法论入手，探究设计过程中的多维方法，使读者形成全面深入的设计思想，丰富其景观设计的理论体系，实现中国景观设计的生态意义、使用功能、文化价值。

本书从景观概念切入，明确了景观含义与景观设计要求，提出景观设计应遵循设计策略及其体现方式，同时结合项目实例，提出景观设计流程、构思、布局、结构和造景的方法，并针对景观材料进行设计方法分析。本书可供景观设计、环境设计、风景园林设计、城乡规划和旅游规划等相关专业从业人员参考使用。

本书共分为五章：第1章景观设计基础，第2章景观策略方法，第3章景观设计方法，第4章景观材料方法，第5章景观设计实例。景观设计基础重点阐释景观的概念和含义；景观策略方法重点表达自然生态策略、使用功能策略、文化渗透策略和形式美感策略；景观设计方法主要从景观设计的流程、构思、布局、结构、视线和造景六个方面循序渐进地提出方法要点；景观材料方法主要从地形、水体、植物、设施的景观设计四个方面进行特色解读和设计应用；景观设计实例通过解读公园景观、滨水景观、校园景观等相关实践项目，将前面的叙述内容融会贯通。

本书理论联系实际，案例丰富，图文并茂，通俗易懂，是传统文化语境下的现代景观创新设计教学案例库（SDYAL21206）、文旅融合背景下胶东地区乡村振兴景观策略研究（21WL(Z)112）的阶段性成果。

感谢金森浩、赵嘉皓、田轲、李淑贤、姜苗苗、刘鹏、张志远、李雅楠、刘星、刘萌萌、王书昊、侯新蕊等同学的支持，他们在本书的资料整理、修改完善、图片排版等工作中付出了辛苦努力。感谢山东格义园林景观设计工程有限公司提供的宝贵实践机会和鼎力相助。

书中难免有不妥之处，敬请广大读者批评指正。

著者

2022 年 3 月 23 日

作者简介

吕桂菊，女，山东工艺美术学院建筑与景观设计学院副教授，硕士生导师，博士，国家注册一级市政建造师，山东省林学会风景园林分会副理事长，山东省旅游资源普查专家，从事乡村景观规划设计、现代景观规划设计、传统园林现代演绎等方面的教学与研究工作，先后发表学术论文20余篇，出版著作1部，教材2部，主持省部级研究课题6项，作品获奖10余项，主持省级一流混合式课程1门，主持美丽乡村、特色小镇、风景区、滨水景观带等多项规划设计实践项目。

• 目 录 •

① 景观设计基础

1.1 景观的概念

谈及景观一词，在不同时期、不同领域内对其有着不同的理解。

艺术家：把景观视为表现与再现的对象，等同于风景（图 1-1-1）。

建筑师：把景观视为建筑物的配景或背景（图 1-1-2）。

生态学家：把景观视为相互作用的拼块或生态系统的组成部分（图 1-1-3）。

城市美化运动者：把景观视为街景立面、霓虹灯、喷泉跌水（图 1-1-4）。

图 1-1-1　风景景观

图 1-1-2
建筑景观

图 1-1-3
生态景观

图 1-1-4
设施景观

景观设计师：什么是景观？

景观是土地及土地上的空间和物体所构成的综合体。它是复杂的自然过程和人类活动的结果。理解这个概念需要把握好物体、空间以及物体和空间之间的相互关系。

所谓物体指的是植物、地形、水体、建筑、设施、铺装等景观要素。

所谓空间是由物体所围合成的空间部分，我们的通行、休憩、活动等功能的实现便依赖于空间。从某种程度上来讲，可将景观设计定义为空间设计。地面、垂立面、顶面是景观空间的三个组成部分，这三个部分界定的空间包含了人们精神层面和意识层面中应该具有的功能分区，如入口空间、娱乐空间、工作空间等。

地面、垂立面、顶面的材料选择与应用的好坏，是决定一个空间营造成功与否的主要因素之一。地面的材料可采用不同特征的地砖、草坪，如地砖可以采用不同的形状、大小、颜色，草坪可以采用不同的纹理；垂立面可采用小乔木、栅栏或矮墙加藤类植物等；大冠乔木、凉亭、棚架、藤架等则可以形成顶面。总之，合理组合不同的色彩、质地、纹理等特征的材料，从而营造多样化、人性化、特色化的室外空间。

空间有多种不同的分类方式（图 1-1-5 ~ 图 1-1-11）：

图 1-1-5 建筑空间

图 1-1-6 街巷空间

图 1-1-7 开放空间

图 1-1-8 绿色空间

图 1-1-9 水域空间

图 1-1-10   活动交流空间

图 1-1-11   规则空间

按照平面形式分为：规则空间、自然空间和混合空间等。

按照活动内容分为：儿童活动空间、活动交流空间、游览观赏空间、安静休息空间、体育健身空间等。

按照地域特征分为：山岳空间、谷地空间、水体空间、平地空间等。

按照开放程度分为：开放空间、半开放空间和封闭空间等。

按照构成要素分为：绿色空间、建筑空间、山石空间、水域空间等。

景观设计需要因地制宜地创造丰富多变的空间类型，增加人们的游览情趣，满足人们的物质需求、审美需求和精神需求。

在谈论空间或物体时，不可将两者割裂开来，它们相互渗透、穿插，物体依附于空间载体，空间也要借助物体作限定。老子在《道德经》里有句名言，"三十辐，共一毂，当其无，有车之用。埏埴以为器，当其无，有器之用。凿户牖以为室，当其无，有室之用。故有之以为利，无之以为用"。这句话恰当地说明了物体与空间之间是相互依存、不可分割的关系。所以营造为人们所使用的空间离不开景观要素的丰富组合。

1.2   景观的含义

景观这一概念看似简单，实则内涵广泛深刻。景观，是指一定区域呈现的景象，即视觉景象，但它不仅仅只局限于建筑体的配角层面；它虽包含地理区域的含义，但远不止是地理科学家用科学方法所能分析和理解的。它具有更加深刻的内涵，主要体现在人类的生活体验上，是人类在嘈杂喧闹的社会里和广阔无垠的土地上的栖居景观体系，是一个生命机体。这一庞大的体系决定着其复杂性和有机性，从微观层面上的花园、城市到宏观层面上的国土、地球，都存在着密切的联系，没有任何一部分孤立存在。景观也远不只是广场上的雕塑和纪念碑之类，它是为人们所使用的场所，具有使用功能。

1.2.1 作为视觉美的含义：艺术性——设计师对于艺术美感的把握

景观是视觉审美过程的对象，不同时期、不同国家对美观有着不同的标准，美也是发展的动态过程。

安德烈·勒诺特设计的凡尔赛宫苑（图1-2-1）是法国古典主义景观园林的杰出代表。他以大尺度的规整对称式布局为美，气势宏伟的中轴线长3000多米，十字形的大运河涵盖了中轴线的一半，花坛、喷泉和雕像沿中轴两侧对称布置，仅雕像就有1400多座。整个园林以几何形构图组成，笔直而明显的轴线主路与其他道路呈垂直或放射状相交。

英国风景式园林的代表人物布朗反对一切对称布局和几何形状，代之以自然的树丛和草地，喜欢用大草坪，做平缓坡度伸向水平，常用曲折的园路与蜿蜒的河流，注重运用借景的手法，讲究设计空间与周边自然环境高度融合，形成广阔的田园风格（图1-2-2）。

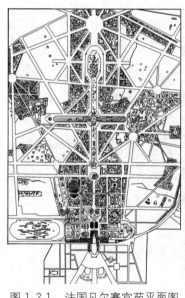

图1-2-1　法国凡尔赛宫苑平面图

图1-2-2　英国风景式园林

日本枯山水园林（图1-2-3）以富有禅意的象征寓意为美，模仿大自然风景，是自然风景的缩景园，以细耙耙制的同心圆白砂石铺地象征海洋，别致的叠放石景象征岛屿，由岩石和耙制的砂砾以及自然生长在荫蔽处的一块块苔地形成的简单构景却能给人惊人的精神震撼力。

目前，中国的传统园林尚存的有拙政园、留园、网师园、沧浪亭、颐和园等，无一例外地都以本于自然而高于自然的天人合一的自然观和诗情画意的意境涵蕴为美的标准，以建筑、山石、洞壑、水、驳岸、路径、桥、墙垣等为园林要素，采用自然式布局，力求曲折多变，尽可能避免平直规整，达到"虽由人作，宛自天开"的审美旨趣，以含蓄、隐晦的方法表达了浓郁的意境氛围。如图 1-2-4 所示是拙政园中部景区的雪香云蔚亭所处的山水环境。

图 1-2-3　日本枯山水园林　　　　　　　　图 1-2-4　拙政园雪香云蔚亭

目前，景观设计主要以简洁的布局设计为美，在构图上追求平衡简洁，反对传统的严格对称的模式以及矫揉造作的装饰。无论是采用简单的几何形，还是自然线形进行构图，都充分地体现了简单明快的现代风格。布局形式亦非常自由，不仅在平面构成上合理运用各种几何图案与有机曲线，而且在空间上也会形成灵活丰富的变化，这种视觉美的艺术性取决于设计师对于艺术美感的把握。

泰纳喷泉位于哈佛大学的一个步行交叉口，由极简主义景观的代表人物彼得·沃克设计。沃克在路旁用 159 块花岗岩排成了一个直径为 18.3 米的圆形石阵，雾状的喷泉射在石阵的中央，喷出的细水珠形成漂浮在空间的雾霭，透着史前的神秘感。这是一个充满极简精神的作品，这种艺术很适合表达校园中大学生们对知识的存疑及哈佛大学对智慧的探索。彼得·沃克的意图就是将泰纳喷泉设计成休息和聚会的场所，并作为探索的空间及吸引步行者停留和欣赏的景点。简单的设计所形成的景观体验却丰富多彩。伴随着天气、季节及一天中不同的时间有着丰富的变化，使喷泉成为体察自然变化和万物轮回的一个媒介（图 1-2-5 ～图 1-2-7）。

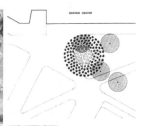

图 1-2-5　泰纳喷泉①　　　　　图 1-2-6　泰纳喷泉②　　　　　图 1-2-7　泰纳喷泉平面图

1.2.2 作为系统的含义：生态性——设计师对生态知识的掌握

任何一类景观内部都流动着物质能量和物种更替，有明确的功能与结构。在一个景观系统中，生态关系至少可分为五个层次：

第一是景观与外部系统的关系，如哈尼族村寨的核心生态是流水，哀牢山的山有多高，水便有多长，南太平洋的暖湿气流受到高海拔区域的阻隔，从而液化为雨水，被用于当地居民的劳动实践之后，流入炎热干燥的红河谷地，经过蒸腾作用回归大气，最终降雨回至本景观之中。大地本身是一个生命体：地球的各种生物对地表、空气、海洋及地下水进行化学作用与物理作用，维持着地球生命体的正常运作。

第二是景观内部各元素之间的生态关系，即水平生态过程。大气的雨、雾经过村寨时，被村寨上方的丛林阻隔，涵养山林，形成延绵不绝的水流。水流被引入寨中，形成蓄水池，随后流经家户门前的洗涤池，汇聚成为池塘，为养鱼和耕牛沐浴提供场所，最终形成富含养分的水流灌溉村寨下方的梯田（图1-2-8），这种水平生态过程包括水流、物种流、营养流与景观空间格局的关系，正是景观生态学的主要研究对象。所以，景观内部各元素之间的生态关系是景观设计师应该掌握的重要对象，即土壤、空气、阳光、水、植物、生物等元素的生态内涵和生态关系。

图1-2-8 梯田景观

第三是景观元素内在的结构本质与功能属性之间的生态关系，如丛林作为一个森林生态系统，水塘作为一个水域生态系统，梯田本身作为一个农田系统，其内部结构与物质和能量流的关系，是一种具有明确系统界限状态下的垂直生态关系，其结构是营养层级与食物链层级的构成成分与构成关系，其功能是物质循环和能量流动，这是生态系统生态学的研究对象。

第四是环境与生命之间的生态关系，包括植物个体与个体或与群体之间的竞争、共生关系，是生物对所生存环境的适应、个体与群体的迭代更替的过程。这便是植物生态、动物生态、个体生态、种群生态所研究的对象。

第五种生态关系则是存在于人类与其环境之间的物质、营养及能量的关系，这是人类生态学所要讨论的。

与景观设计联系密切的主要是景观内部各元素之间的生态关系和景观元素内部的结构与功能的关系，设计师需要掌握相对应的生态学知识以满足景观的生态性需求。

1.2.3　作为使用的含义：实用性——设计师对于人性化的把握

景观不仅仅是雕塑、花坛、水景等视觉美的元素，景观设计是为人所服务的。现代景观设计有一个显著的特点就是将人的心理需求与行为习惯作为人居环境设计的重要依据。能否最大程度地满足人们户外活动等需求在很大程度上是判定设计成败的关键。将人们的行为习惯及心理需求统筹考虑、兼顾人们共有的行为、群体优先是现代景观规划设计的基本原则之一。古语"食必常饱，然后求美；衣必常暖，然后求丽；居必常安，然后求乐"，道出了环境的实用性是最为基本的功能。

要做出实用性的景观，需要设计师掌握设计场地的基本条件和适用人群的生理、心理需求。大学校园的景观设计就要调研大学师生的行为和心理，大学生有学习性、舒适性、交往性、私密性、公共性的空间需求。但是某大学主楼前绿地广场（图1-2-9）的功能主要是烘托建筑群体的气魄，行人只能通过外侧绕行。设想一下，若在草坪绿地中种植一些高大乔木形成空间顶面，树荫下几条小径蜿蜒穿梭其中，在空间中自由散落些座椅……就能勾勒出一片安逸、宁静、生动的交流、休憩空间形象。

图1-2-9　绿地广场

1.2.4 作为栖居地的含义：地域性——设计师对于当地特色的把握

景观是大地上的印记，这种印记是人与人、人与自然之间的相互作用所产生的。村庄周边的种植林、水塘，山坡上的层层梯田、蜿蜒小径等都形成于人类与自然的相互行为、相互选择与相互接纳，是人类对于自然的客观属性的探索与利用。所以，景观在历史的发展过程中形成了当地独特的地域特征：一个地区的历史脉络、人文景象、自然景观的总和。当然，它包括自然资源、地势条件、气候特征、民俗民风、人的行为活动等，地域性的发展演变决定着景物或景观的类型。

景观设计需要从自然、建筑、生活习惯、历史传统、精神层面等领域提炼表达出当地的地域特色，使人们产生认同感。如果你不去北京的四合院住上一段时间，你就不能感受到四合院的文化内涵；如果你不到都江堰的江边走走，你就不明白为什么成都是中国最休闲的城市；如果你不去济南的老街老巷看看，你就不明白济南人对于泉水和柳树的钟爱；如果你不曾走进福建的农村，你就不会发现家家户户门前种植中药的场景；如果你未踏进苏州城，怎能明白小桥流水人家的水乡古城特色（图1-2-10）；如果你从未进入内蒙古草原，又怎能感受草原人的豪迈、风土人情和对敖包的信仰（图1-2-11）；如果你未曾走进山东的渔村，就不会看到以石为墙，以海草为顶的极具地方特色的海草房（图1-2-12）……只有懂得当地人的生活，才能营造出符合当地人生活的景观空间。

图 1-2-10 苏州水乡古城   图 1-2-11 蒙古族敖包   图 1-2-12 山东渔村海草房

1.3 景观设计学

20世纪50年代，美国景观设计师协会将景观设计学定义为安排土地，并且旨在满足人类的使用与娱乐需求。1983年，该协会将其定义为基于科学理性与艺术感性相结合的手段进行人与自然的研究、设计、规划、管理。20世纪90年代，景观设计学内容被美国景观设计师协会指定为灵活设计，统筹考虑文化与自然环境，修建完成的区域与周边自然达到和谐平衡的状态，与此同时保护传统文化的多样性。正如环境学家西蒙兹所说："我们可以说，帮助人类、建筑、城市与其存在的环境和谐共处，达到可持续的发展是景观设计师的终身责任与目标。"

俞孔坚于 2003 年针对景观设计学下了定义，他在《景观设计：专业学科与教育》中提到，"景观设计学是关于景观的分析、规划布局、设计、改造、管理、保护和恢复的科学和艺术"，"是一门建立在广泛的自然科学和人文艺术科学基础上的应用学科。"

根据解决问题的性质、内容和尺度的不同，景观设计学包含两个专业方向，即景观规划和景观设计。

广义的景观设计既包含景观规划的含义，又包含景观设计的含义。而狭义的景观设计指的仅是景观设计的内涵。

景观规划是在广义范围内，通过对自然物质和人文活动的认识，协调和管控人与自然环境的关系，保护和恢复生态系统，强调人类发展、资源和环境的可持续性，具有以下几项内容：场地规划、土地规划、控制性规划、城市设计和环境规划。设计对象是人类的家，也就是整体人类生态系统。Sasaki 事务所设计的越南胡志明市的 ThuThiem 新城区规划从经济、人口、资源、土地等多方面进行宏观规划（图 1-3-1、图 1-3-2）。

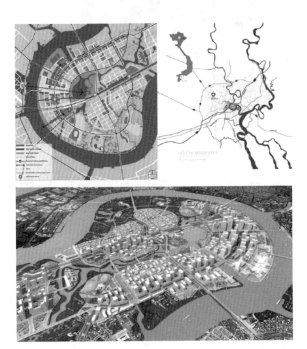

图 1-3-1　ThuThiem 新城区规划①

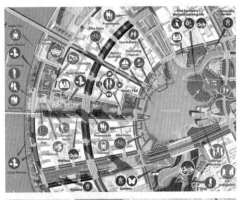

图 1-3-2　ThuThiem 新城区规划②

景观设计是从事建筑外部空间设计和城乡开放空间设计。景观设计是针对居住区建筑外的环境，创造宜人的户外空间（图 1-3-3）。主要设计对象包括城市公共空间（道路、广场、公园）、建筑环境（居住区环境景观、医院环境景观、校园环境景观、工厂企业环

境景观）、风景区规划、滨湖滨河地带、森林公园、生态园、农业园、墓园、旅游地等
（图1-3-4）。

图1-3-3 现代逸诚居住区景观设计图

图1-3-4 景观设计类型

景观策略方法

2.1 自然生态策略

在工业革命后一段时期人类聚居环境生态问题日益凸显，人们在解决生态问题的过程中产生了景观生态学。人与自然的关系历程（表 2-1-1）和解决问题的途径选择（表 2-1-2）告诉我们：生态设计是解决当今人与自然、人与社会、人与人之间的不可取代的重要途径。

表 2-1-1　人与自然的关系历程

农业社会	朴素的人与自然的和谐关系
工业社会	人从自然中分离出来，破坏了自然环境
后工业社会	追求高层次的人与自然和谐，通过设计与自然融合

表 2-1-2　解决问题的途径选择

问题	可供选择的办法
更有效地防治水土流失	植物、人工大坝
更持久地维持水体干净	微生物、化学品
更安全	太阳能、核裂变
更经济而持久	泥质护岸、水泥护岸
更健康	自然风、人工空调

2.1.1 生态设计概念

生态设计是任何与生态过程相协调，尽量使其对环境的破坏实现最小影响的设计形式，这种协调以保护生态环境为基础，结合当地实际，合理规划物种的多样性和废弃物的排放。

2.1.2　自然生态途径

为了实现场地的生态设计，实现生态化的原则，我们在景观设计中应该做到地方性、保护与节约自然资本、让自然做功、使用生态材料四个方面。

1. 地方性

适应场所自然条件：以场所的阳光、地形、水、风、土壤、植被等自然条件为设计依据。图 2-1-1 所示的设计的过程就是在设计之中结合这些带有场所特征的自然因素，以维护场所和设计物本身的自然和谐。庭院设计充分分析每一处空间在各个时间段的光照和风向，并把这些因素带入地形和植物等造景要素的环境营造中，实现自然因素和造景要素的有机结合（图 2-1-2）。

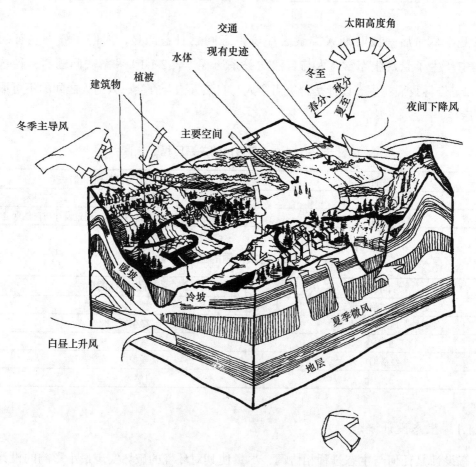

图 2-1-1　场所自然过程示意图

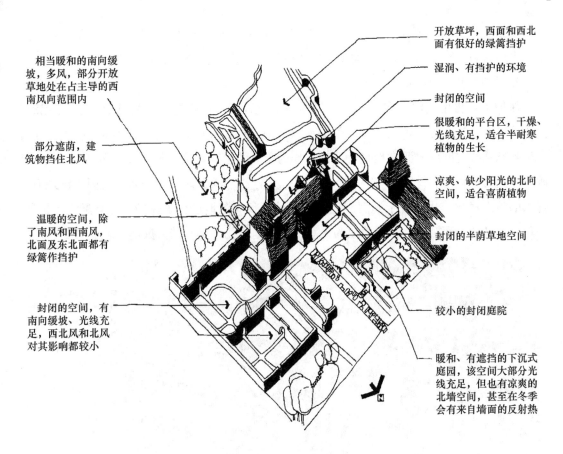

相当暖和的南向缓坡，多风，部分开放草地处在占主导的西南风向范围内

开放草坪，西面和西北面有很好的绿篱挡护

湿润、有挡护的环境

封闭的空间

部分遮荫，建筑物挡住北风

很暖和的平台区，干燥、光线充足，适合半耐寒植物的生长

凉爽、缺少阳光的北向空间，适合喜荫植物

温暖的空间，除了南风和西南风，北面及东北面都有绿篱作挡护

封闭的半荫草地空间

较小的封闭庭院

封闭的空间，有南向缓坡、光线充足，西北风和北风对其影响都较小

暖和、有遮挡的下沉式庭园，该空间大部分光线充足，但也有凉爽的北墙空间，甚至在冬季会有来自墙面的反射热

图 2-1-2 适应场所自然过程设计图

　　使用当地材料：设计生态化的一个重要方面是使用了乡土植物和建材。保护和利用乡土物种是时代对景观设计师的伦理要求。普利兹克建筑奖首位中国籍得主——中国美术学院建筑艺术学院院长王澍设计的中国美术学院象山校区充分利用当地材料竹子和拆迁建筑废弃的旧砖瓦，赋予它们新的形式和功能（图 2-1-3 ～图 2-1-5），竹子有的用作随建筑起伏的栏杆，有的用作透射光影的长廊的顶部；旧砖瓦有的用作了景观座凳、种植池、景墙，有的用于新建筑的墙体设计。这不仅节约了成本，而且体现了当地的地域特色，展现了浓郁的校园氛围。

图 2-1-3
中国美术学院象山校区①

图 2-1-4
中国美术学院象山校区②

图 2-1-5
中国美术学院象山校区③

在景观设计时，要充分运用生态学理念，适应场所自然过程，利用场地的实际地形，使用当地材料，降低造价成本，积极利用原有地形地貌，营造良好的环境。

2. 保护与节约自然资本

保护不可再生资源。在大规模的城市发展过程中，最重要的是特殊自然景观元素或生态系统的保护，如保护城区和城郊湿地、保护自然水系和山林等。处于陆生生态系统和水生生态系统之间的过渡性地带是湿地，作为重要的生态系统，包含着众多野生动植物资源。湿地之所以被称为"鸟类的乐园"，同时又有"地球之肾"的美名，是因为湿地有着强大的生态净化作用。济宁泗河湿地景观设计不仅对湿地进行了保护，而且融入了护鸟、爱鸟、引鸟的景观措施，让湿地成为人和鸟与其他生物种类和谐共处的环境（图2-1-6）。

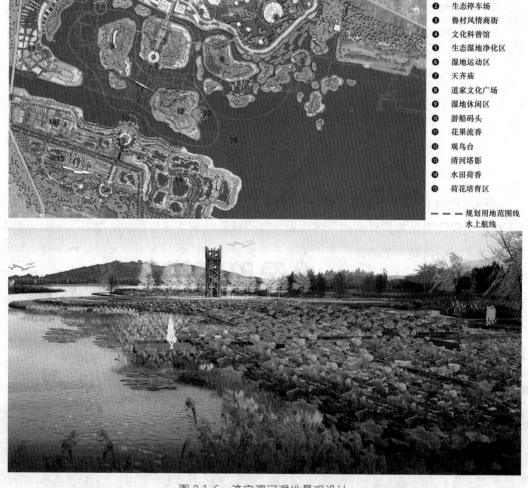

标注:
❶ 湿地公园入口
❷ 生态停车场
❸ 鲁村风情商街
❹ 文化科普馆
❺ 生态湿地净化区
❻ 湿地运动区
❼ 天齐庙
❽ 道家文化广场
❾ 湿地休闲区
❿ 游船码头
⓫ 花果流香
⓬ 观鸟台
⓭ 清河塔影
⓮ 水田荷香
⓯ 荷花培育区

--- --- 规划用地范围线
水上航线

图 2-1-6　济宁泗河湿地景观设计

尽量减少使用能源、土地、水，并提高其使用效率。

如何减少能源的使用？我们通过合理地利用自然资源，如光、风、水等减少能源的使用，另外，通过选择不同的物种和植物配植方式可以极大地节约能源和资源，如用林地取代草坪，本地树种取代外来园艺品种。

如何减少土地的使用？这里的土地指的是铺装场地，如果减少铺装用地的面积，绿地面积就会相应地增加，生态效益将更加明显，但是在实践中，设计师往往不做使用者对户外铺装场地需要量的调研，只是为了追求平面构成效果，做出大面积不同形式的铺装，建成之后，这些铺装场地往往无人问津，成为"失落"的空间。所以设计师要在场地分析和人流分析的基础上，根据使用者的活动内容，合理安排铺装场地。同时，根据可在同一处铺装场地满足相似功能的原则，在设计铺装场地时我们要注意实现一地多用途。如图 2-1-7 所示场地既可以满足人们晨练需求，又可以成为孩子们自由活动的场所，还可以在节假日开展某些主题活动。

图 2-1-7　铺装场地设计

如何减少水的使用？首先是节约用水，另外，注意雨水的收集与中水的使用。图 2-1-8 示意了雨水收集利用的原理。中水也称再生水，是指废水或雨水经适当处理后，水质介于污水和自来水之间，达到一定的水质指标，可以进行再利用的水。在城市景观和百姓生活的诸多方面有广泛用途：回灌用水，工业用水，农、林、牧业用水，城市非饮用水，景观环境用水等。我们要善于收集雨水和生活废水，经过处理后用作喷灌用水和景观用水，从而缓解水资源短缺，降低造价成本，改善生态环境，实现水生态的良性循环。许多大学建有中水系统，山东工艺美术学院的湖面景观（图 2-1-9）就是生活废水和雨水经过中水处理后形成的，这是学生们最喜欢的校园风景之一，因为有水才有了学生们喜爱的倒影、涟漪、水中的山石和菖蒲，还有水边的柳树和迎春花、水中石头缝中的小鱼小虾……

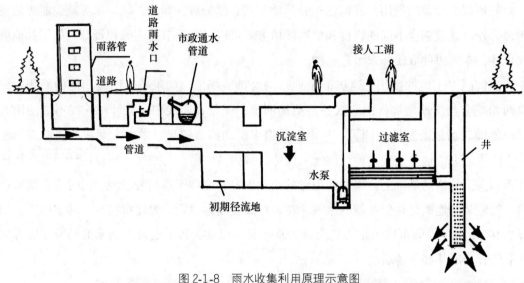

图 2-1-8　雨水收集利用原理示意图

图 2-1-9　山东工艺美术学院湖面景观

　　利用废弃的土地和原有材料，包括植被、土壤、砖石等服务于新的功能，从而节约了大量的资源和能源。如在城市更新过程中，吸纳发达国家城市景观设计中的新潮流，将已关闭和废弃的老旧工厂在生态恢复后打造成为市民的休闲场地。早在 1971 年，景观设计师 Richard Hagg 利用西雅图的煤气工厂遗址建成市民休闲公园（图 2-1-10 ～图 2-1-12），并于 1975 年开放。建造于 1953 年的中山粤中造船厂是 20 世纪近 50 年来中国工业化历程的一个缩影，2001 年在尊重场地制备厂房和机器等原有设施基础上进行景观加法和减法的更新设计，形成一处开放的市民休闲场所，在这里，古树讲述了造船厂的历史，厂房和机器承载着城市的深刻记忆。

图 2-1-10
西雅图的煤气工厂遗址公园①

图 2-1-11
西雅图的煤气工厂遗址公园②

图 2-1-12
西雅图的煤气工厂遗址公园③

3.让自然做功

自然生态系统生生不息、孜孜不倦，为人类生存和需求提供各种服务，包括净化空气和水，降低洪灾和旱灾的危害，降解和去毒废弃物，创造和再生土壤及土壤肥力，承担作物和自然植被的授粉传媒，维护和保持生物多样性，人类从自然生态中获取农业、医药和工业的重要成分，保护人类不受紫外线的伤害，调节局部气候，维持文化的多样性，提供更多美感和智慧以启迪、提升人文精神等。自然提供给人类的服务是全方位的，让我们学会让自然做功，减少人为设计对自然生态的影响。

自然界没有废物。一个完善的食物链和营养级是每一个健康生态系统所必备的。春天新生命生长的营养是秋天的枯枝落叶。事实上，在公园中清除枯枝落叶等于切断了自然界中的一个闭合循环系统。城市绿地中的维护和管理应将废物赋予价值变为营养，如返还枝叶、返还地表水以及地下水的补充等就是最直接的生态设计应用。

自然的自组织和能动性。自然是具有自组织或自我设计能力的。一池水塘，假如没有人将其用水泥护衬，或以化学物质维护，那便会有各种昆虫、水藻、杂草在其水中或水边生长，并最终演化为一个物种丰富的水生生物群落。自然系统的丰富性和复杂程度远远超出人为的设计能力，我们应当开启自然的自组织或自我设计过程。生态工程这一个新领域的出现是由于自然的自设计能力使然，以新的结构和过程替代自然的形式称为传统工程，而生态工程则是用自然的结构和过程来设计的。又如对污水的净化能力，湿地远超过设计师的化学药剂，目前在污水处理系统之中已广泛应用湿地，充分利用自然系统的能动作用是生态设计的含义。

上海世博后滩湿地公园位于上海的核心地带，东面是上海后滩房车文化园，西靠黄浦江，南邻密集社区群，北接世博公园及卢浦大桥，场地历经农业社会时期、近代工业时期、现代工业时期。上海世博后滩湿地公园通过使用现代景观设计手法，呈现了此场地所蕴含着的四层历史与其文明属性：黄浦江滩的回归、农业文明的回味、工业文明的记忆以及后工业生态文明的展望（图 2-1-13 ～图 2-1-15）。

场地保留了原有一块面积 16 公顷的江滩湿地，设计通过沉淀池、叠瀑墙、梯田、不

图 2-1-13
上海世博后滩湿地公园①　　　　　图 2-1-14
上海世博后滩湿地公园②　　　　　图 2-1-15
上海世博后滩湿地公园③

同深度和不同群落的植物及微生物的湿地净化区，将黄浦江劣质Ⅴ类水净化至Ⅲ类净水，供给世博会场的景观、浇灌和冲洗用水。初步试运行证明，后滩公园每天有 2400 吨的水净化能力，这既是一个实际的水净化系统，同时也是一个展示和科普系统教育。

边缘效应。在两个或多个不同的生态系统或景观元素的边缘带，有更活跃的能流和物流，具有丰富的物种和更高的生产力，如森林边缘、农田边缘、水体边缘以及村庄、建筑物的边缘等。然而设计中，我们通常会忽略生态边缘效应的存在。水陆过渡带上本应是多种植物和生物栖息的边缘带，然而经常看到的是坚硬的水泥护衬；在公园丛林的边缘，自然的生态效应会产生一个丰富多样的林缘带，而我们常看到的是修剪整齐的外来草坪；围绕着建筑物的四周，是一个非常好的潜在生态边缘带，而普遍存在的是硬质铺装和单一的人工地被。所以与自然合作的生态设计，必须充分利用生态系统之间的边缘效应创造丰富的景观。图 2-1-16 是一条河流改造前后的鲜明对比，一旦把水泥护岸换做种植有植物的缓坡地形后，原来的污水和了无生机的水环境魔术般地变成了一池清水与生机盎然的水生植物和水中生物。

生物多样性。为生物多样性而设计，不但是人类自我生存所必须的，同时更是现代设

改造前　　　　　　　　　　改造后

图 2-1-16　河流改造前后对比图

计者应具备的职业道德和伦理规范。保持和维护乡土生物与生境的多样性是保护生物多样性的根本。未来城市设计者所要追求的，是通过生态设计，呈现一个可持续的、具有丰富物种和生境的城乡绿地系统。

4. 使用生态材料

景观建设是个复杂的系统性过程，生态景观关系到整个工程建设的每个环节，整体的规划布局要生态，植物群落的布置要生态，硬质景观的建设也要生态。其中，硬质景观建设过程中，对环境生态破坏最严重的当属地面硬化，它直接阻断了地面与地下的联系，打断了原有平衡的生物链，我们要还自然一个会呼吸的地面。

铺装。实现生态设计就要保证生态系统的循环。不透水的铺装会破坏生态的水循环，将带来一系列的弊端：第一，降低道路的舒适性和安全性，轮胎噪声大；第二，不透水的路面阻碍了雨水的下渗，在集中降雨时，排水设施的负担就会大大增加，因为雨水只能通过下水设施排入到河道，从而导致路面大范围积水；第三，不透水的路面使城市空气湿度降低，加剧了城市热岛效应；第四，水生态无法正常循环，城市生态系统的平衡被破坏，也影响植被的正常生长。解决这个难题，可以在各种场地和路面采用透水性材料铺装，增大透水透气面积，以使不透水硬化地面对于城市水资源的负面影响得到有效缓解，城市与自然能够协调发展，可持续地维护生态平衡的发展。常用的透水式铺装材料有透水混凝土（图 2-1-17）、透水沥青、透水砖、植草砖等。

图 2-1-17 透水混凝土铺装

挡土墙。钢筋混凝土、水泥大坝结构的挡土墙破坏生态系统的平衡，因为阻碍了水和土的营养和能量循环。我们经常看到用如此的挡土墙充当水的驳岸时，水体是污浊的，植物是没有生机的。但如果用卵石或自然石块或缓坡草坪作挡土墙，则水体清澈，水虫飞舞，植物茂盛。当然如果场地宽度有限，我们可以把挡土墙做成大坡度，外面用绑扎的钢丝网进行固定（图 2-1-18）。

图 2-1-18 挡土墙

2.2 使用功能策略

2.2.1 认识人的两重性：生物性与社会性

生活在自然和社会中的人们同时具有生物属性和社会属性：人需要家庭，害怕孤单寂寞；人需要锻炼身体，需要缓解疲劳，坐下休息；人离不开水，也喜欢嬉水（图 2-2-1）；人爱采摘和捕获；人需要庇护和阴凉，需要瞭望、观察；人需要领地，需要适当尺度的空间；需要良好的自然采光和通风适宜的温度和湿度；人需要安全，同时人也需要挑战；人喜欢在平坦的道路上行走，也喜欢涉水、踏汀步、穿障碍、过桥梁；人需要与别人交往，需要被关注，同时喜欢关注别人。

大学校园中的篮球运动场，对学生来说是最有吸引力的地方之一，也是学校开展体育项目的场地，运动场具有体育健身和户外交往双重功能，在此处的设计中，设计师不但种植了大乔木以隔声、提供阴凉，还特别为休息的运动员和观看比赛的大学生准备了"缓冲"空间，也就是介于运动场和校园主干道的过渡空间（图 2-2-2）。

图 2-2-1　亲水空间　　　　　　　　　　　图 2-2-2　运动空间

建筑的"基地"空间，即建筑的周边绿地，在绿地中只考虑到了形象美——有高差变化的植物景观，却忽略了人们对于阳光的需求，高大的常绿乔木龙柏一年四季遮挡住了照进室内的阳光（图 2-2-3）。

绿地中有《铁杵磨成针的父与子》景观雕塑（图 2-2-4），缺少道路和铺装、植物和设施，雕塑被生硬地安置在这里，没有和周边环境发生关联，而且忽略了人们的好奇心理，人们看到绿地里的雕塑是肯定要走近看一看的，被践踏出的裸露土地就是最好的证明。

图 2-2-3　基地空间　　　　　　　　　　　　图 2-2-4　绿地空间

2.2.2　认识人的行为习惯和需求

1. 喜欢抄近路

如果目标是明确、坚定的，只要不存在障碍，人们总是倾向于选择直线向目的地前进，因为这是最短的道路。只有当人们在散步、闲逛、观景等，伴有其他目的的行走时才会信步任其所至。

在设计中无力的挡拦应尽量避免设置。挡的强度取决于该地段的重要性、人流量的大小。同时也可以采取引导的方式，根据人流的流向将一些可能出现抄近路的地段直接用道路或铺装路面相连（图 2-2-5）。

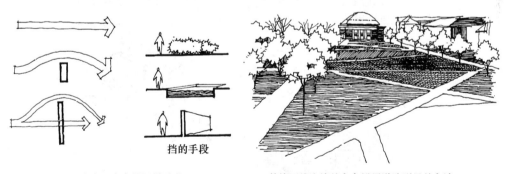

挡的手段

有力、肯定的阻拦手段　　　　　　某校园按人流的方向设置道路引导的方法

图 2-2-5　阻挡手段与导向性设计

2. 依靠性

人总爱驻留在柱子、树木、旗杆、墙壁、门廊和建筑小品的周围和附近。在环境心理学中，这类依赖现象的出现是因为这些依靠物对人具有吸引半径，称之为人的依靠性。

人偏爱在依靠着一个小空间时可以观察到更大的空间。这样的小空间不仅可以观察到外部空间富有公共性的活动，更重要的是具有一定的私密性，人可以隐蔽其中，并可以感受到舒适。

如果人找不到这样边界较为明确的小空间时，通常就会寻找柱子、树木等依靠物，使之结合个人空间来组成一个自己可以占用和控制的领域，从而能在观察周围更大的环境时以这一较小空间作为凭靠，恰如"抢占了有利地形"（图 2-2-6、图 2-2-7）。

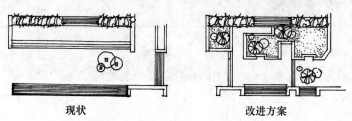

现状　　　　　　　　改进方案

相对丰富、有一定自由选择范围的环境

图 2-2-6　依靠性与环境改造

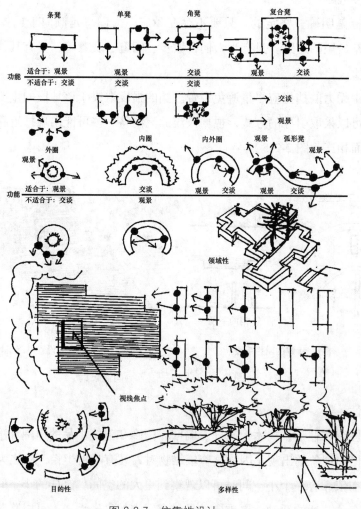

图 2-2-7　依靠性设计

3. 看人也为人所看

明代散文"西湖七月半"中，作者张岱深入剖析了"看人也为人所看"这一现象。这篇文章记载了中元节在西湖赏月时的众生相："西湖七月半，一无可看，止可看看七月半之人"；"名为看月而实不见月者，看之"；"身在月下而实不看月者，看之"；"月亦看，看月者亦看，不看月者亦看，而实无一看者，看之"……

恐怕对人最有吸引力的就是人本身的活动了，在广场上组织的活动节目、运动的年轻人或者匆匆穿越的行人等，这些都是能够引起注意的最佳因素，而且是任何物质元素都无可替代的，是观察他人的乐趣所在。

因此，在设计中，要对大多数活动者或者穿行者的活动模式予以充分考虑和安排，而多数座位的布置首要考虑的因素是活动时能够看到的范围，从而能够达到吸引人们进入的目的。城市广场的边缘往往是最吸引人的地方。锡耶纳坎波广场是一座充满着活力的城市广场，人们热衷于依靠着广场周边的柱子边交流边观赏人与景（图 2-2-8）。

图 2-2-8　锡耶纳坎波广场

4. 有与人交往的公共空间的需求又有私密性空间的渴望

在我国传统文化中，家与园是不可分割的，并构成一个整体，家是私密空间，园是半私密空间。四合院是人们钟爱的建筑空间，就在于满足了私密性和公共性的需要（图 2-2-9）。

老年人喜爱栽花养草，所以老年居民较多的住宅前大都提供了边界明确的半私密户外空地，这样不仅有利于老年人身心健康，有益于环境的美化，而且有利于居民（尤其老年人）之间的户外交往的促进，更是加强了对居住的环境的监控与安全防卫，是一举多得的好事。在景观设计中应形成私密性到公共性空间的梯度（图 2-2-10）。

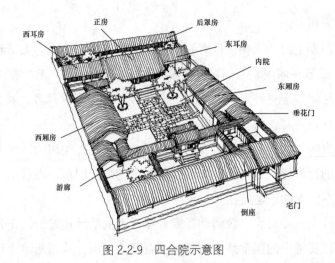

图 2-2-9　四合院示意图

图 2-2-10　半私密户外空地

2.2.3　形式语言对人的情感影响

色彩对人的心理可以产生影响：红、橙、黄产生温暖的感觉，绿色产生自然清新、舒适之感，蓝色、紫色产生稳重、清凉感。

不同的线条对人的心理也有影响：曲线给人以灵活、柔美、自然轻快的感觉；垂直线代表尊严、永恒、权力；水平线给人以平衡感，能使人产生比较平静的心情；斜线给人以活跃和运动感。

所以设计活泼、活跃的儿童空间时应该主要选择红橙黄暖色调的色彩或者自然清新的绿色，以灵活柔美的曲线为主，辅以斜线、直线和垂直线。在德国威斯巴登的一个公园内有一充满活力又有趣的儿童游乐场（图 2-2-11、图 2-2-12）。它如同一座可参与互动的大型雕塑，得到了当地儿童的深深的喜爱。整个儿童游乐场充满着欢乐氛围，以绿色为基调，嫩绿色鲜活明快，尤以嫩绿色的金属圆管最为醒目。攀爬网格中的小跳板，无形中赋予了小孩子们攀爬的规则，也能够很好地训练他们的专注力。圆形沙坑和半球状的地形围合出多个空间。

在设计严肃、纪念性空间时，色彩以冷色调为主，线条以垂直线和水平线为主，例如江西南昌八一广场纪念碑的设计（图 2-2-13）。

图 2-2-11
德国威斯巴登某公园内儿童游乐场①

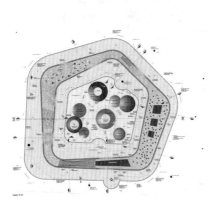

图 2-2-12
德国威斯巴登儿童公园②

图 2-2-13
江西南昌八一广场纪念碑

若设计休闲空间，色彩选择中性色和暖色都可以，线条可以曲线直线斜线相互穿插使用。图 2-2-14 是一处曲线道路和行列种植的竹子形成的雅致休闲空间。图 2-2-15 是由斜线和几何图形形成的以水景为主的休闲空间。

图 2-2-14　休闲空间①

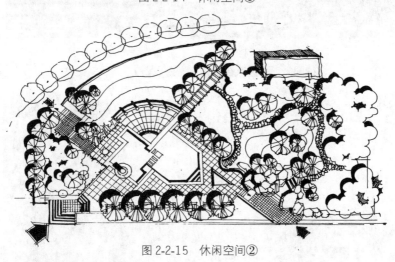

图 2-2-15　休闲空间②

2.3　文化渗透策略

"造园之始，意在笔先"，主题不仅控制和引导景观布局设计形式，起到提纲挈领的作用，而且使景观设计具有鲜明的地域特色。但是现在部分景观设计缺失主题，一味追求"现代感"和"功能主义"的景观建设形成了千篇一律的城乡景观。然而，随着时代的发展和社会的进步，人们对具有文化内涵的景观越来越向往。

所谓文化，指的是人类在社会历史发展过程中所创造的物质、精神财富的总和，它是一种社会现象，是人们长期活动形成的产物，同时又是一种历史现象，是社会历史的积淀物。

文化不仅包含场地的自然属性，如地形、植物、阳光等，而且包括场地的风土人情、传统习俗、思维方式、价值观念、精神面貌以及生活方式，还包括我国优秀的历史传承——诸子百家、传统文学、中国戏剧、古典园林及建筑等。

融入设计的文化内涵分为三个层次：第一个层次是中国的文化底蕴，包括优秀传统文化、革命文化、社会主义先进文化，培养设计人才的家国意识和乡土情怀，关爱社会、关注生活、关心家庭、热爱民族文化、树立社会责任感和民生服务导向；第二个层次是中国优秀传统设计文化，如古典园林、传统建筑、地方民居、传统服饰等领域呈现出的博大精深的设计内涵，中国传统设计文化的传承是中国设计的创造源泉和中国设计的必然途径；第三个层次是地域文化，任何一处客观存在的环境都是人类与自然共同作用、长期积淀而成的，所以场地的地域文化根植于当地环境的地形、地貌、气温、气候等自然环境和历史、传统、宗教、神话、民俗、风情等人文环境。地域文化是对同质化环境的强力抗衡，地域文化应用于环境设计将呈现出丰富多样的环境风貌。

景观按照人们感觉器官感知与否可分为外在的客观景物和内在的文化主题，这是景观的两大属性。外在的客观景物是通过造景要素的合理布局形成的整体环境，这种整体环境是人们通过视觉、听觉、嗅觉、味觉、触觉五大感知器官能直接感知到的，可能是一处花海，也可能是一处旱喷广场，还可能是一处卵石小路。内在的传统文化是人们通过五大感觉器官所感知不到的，是隐含在外在客观景物之中的，景观设计师将传统文化的内涵物化到植物、水体、建筑、道路、山石等要素的布局和设计中，观赏者需要通过外在的物质空间升华为可以感知到的内在的传统文化。苏州拙政园的《与谁同坐》轩（图2-3-1）筑于西园水中小岛的东南角，三面临水，一面靠山，若要进入此轩，唯有一条绕山小路与其连接，坐在轩中，备感静谧，一轮明月，习习微风，如此的外在环境所表达的内涵便让人想到苏轼的词："与谁同坐，明月，清风，我"，大概只有明月、清风和水中我的倒影才能为伴，表达出没有同伴的孤独之情。

内在的文化体现着外在客观景物创造的意向和目的，是景观的内在灵魂，体现着整个景观的艺术品位和审美效

图 2-3-1　苏州拙政园《与谁同坐》轩

果，制约着外在客观景物的设计形式。同时，内在的传统文化不能凭空产生，它必须以外在客观景物为载体，落实到具体的景观要素进行设计。

总之，内在文化主题是外在客观景物的灵魂，通过外在客观景物来表现，外在客观景物是内在文化主题的载体，这就是景观设计中隐形的文化主题和外在的客观景物之间相辅相成、虚实相生的关系。所以要做出好的景观设计需要两个方面的有机融合，需要设计师把自己的理念感情融入、物化到客观的景物之中，从而激发观赏者同样的、类似的情感。

在第七届济南园博园设计师展园中，设计师以中华优秀传统文化——四大名著之一的《红楼梦》为创作源泉，结合现代人的审美和使用功能，用现代景观形式语言，营造出红楼新筑的主题，满足现代人对于空间的使用。在设计中，通过具体的景墙、竹子、茅草屋、铜锁、水系、白沙等造景要塞的组合形成了表达主题的八个景点，分别是"十二钗广场""潇湘幽竹""枕翠流沙""稻村飘香""紫菱洲歌""蘅芜嵌兰""金玉情缘""同心锁情"（图 2-3-2、图 2-3-3）。

图 2-3-2　红楼新筑总平面图

图 2-3-3　红楼新筑鸟瞰图

2.4 形式美感策略

　　由点、线、面、体、质感、色彩等构成了景观的基本要素。只有掌握形式美的一般原则，才可以组织这些要素创造出优美的景观环境、构成秩序空间。

2.4.1 统一与变化

　　形式美的主要关系是统一与变化、部分与部分、部分与整体之间的和谐关系是统一，而变化则表明的是之间的差异。统一应该是整体的统一，变化是局部的，应该是以统一为前提，有秩序的变化。过于统一易使整体单一、缺乏情感，而过多的变化则易使整体杂乱无章、无法把握。这处步道景观简洁但不单调，在统一种植池材料和植物的前提下，改变其高度，同时增加木制铺装纹理，丰富景观语言（图 2-4-1）。这是一处通过直线和斜线的木栈道和汀步打破统一的圆形空间（图 2-4-2）。

图 2-4-1　步道景观

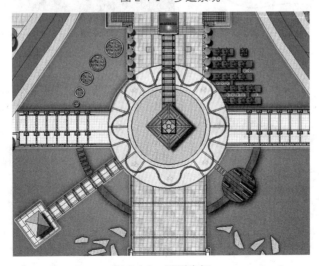

图 2-4-2　圆形空间

2.4.2 相似和对比

由同质部分组合产生的称为相似，具有温和、统一的格调（图2-4-3），同时由于变化不丰富，往往显得单调。与相似特点相反的是对比，是由异质部分组合在视觉上产生的不同强度的结果。设计个性表达的基础是由形体、色彩、质感等构成要素之间的差异形成的，要想产生强烈的形态感情，主要表现在量（多少、大小、长短、宽窄、厚薄）、方向（纵横、高低、左右）、形（曲直、钝锐、线面体）、材料（光滑与粗糙、软硬、轻重、疏密）、色彩（黑白、明暗、冷暖）等方面。这处景观有种植池的方向对比；有植物的绿色和土壤的红色形成的色彩对比（图2-4-4）；有材料质感的对比（图2-4-5），工业材料的坚硬钢铁和自然属性的柔美野草；有现代景观设计中常做的微地形处理，在自然草坪上设计有蜿蜒的彩色混凝土道路，既有材料对比也有色彩对比（图2-4-6）。如果占主导的是相似关系，那同质部分所占成分多；反之，如果占主导的是对比关系，则异质成分多。在占主导的是相似关系时，会产生微差，是由形体、色彩、质感等方面产生的微小差异形成的，当微差积累到一定程度后相似关系转化成对比关系。

图 2-4-3 "相似" 示意图

图 2-4-4 方向对比与色彩对比

图 2-4-5 材料质感对比

图 2-4-6 材料对比与色彩对比

2.4.3 均衡

部分与部分或部分与整体之间所取得的视觉的平衡称为均衡，有两种形式，分别是对称平衡和不对称平衡。前者是简单的、静态的；后者则随着构成因素的增多而变得复杂，具有动态感。

最规整的构成形式是对称平衡，对称本身就存在着明显的秩序性，常用的手法是通过轴线对称达到规整、庄严、宁静、简单等特点（图2-4-7）。但过分强调对称会产生呆板、压抑、牵强、造作的感觉。

不对称平衡虽然没有明显的对称轴和对称中心，但具有相对稳定的构图重心。不对称平衡形式自由、多样，构图活泼，富于变化，具有动态感。对称平衡较工整，不对称平衡较自然。在我国古典园林中，大多采用不对称平衡的方式来布置建筑、山体和植物。承德避暑山庄烟雨楼一组建筑采用不对称的布置方式，从不同角度看都有均衡和富有变化之感（图2-4-8）。

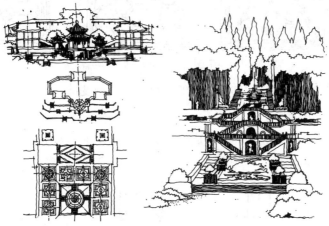

图2-4-7 轴线对称手法示例

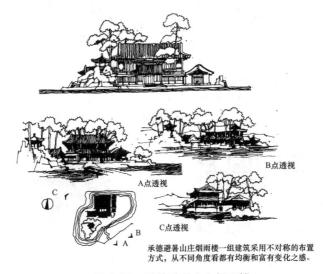

B点透视

A点透视

C点透视

承德避暑山庄烟雨楼一组建筑采用不对称的布置方式，从不同角度看都有均衡和富有变化之感。

图2-4-8 承德避暑山庄烟雨楼

2.4.4 韵律与节奏

在构图中某些要素的组合，连续重复并有一定规律性称之为韵律，如园林中的廊柱、粉墙上的连续漏窗、道边等距栽植的树木。获得节奏的重要手段是重复，简单的重复单纯、平稳；而复杂的、多层面的重复中各种节奏交织在一起，呈现出起伏、动感、构图丰富的特点，同时应保证各种节奏统一于整体节奏之中。

由一种要素通过一种或几种方式重复而产生的连续构图是简单韵律。简单韵律有时可在简单重复的基础上寻找一些变化，简单重复使用过多易使整个气氛单调乏味，例如中国古典园林中墙面的开窗就是等距排列了形状不同、大小相似的空花窗，或是将不同形状的花格拼成的、等距排列形状和大小均相同的漏花窗（图 2-4-9）。

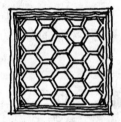

图 2-4-9　中国古典园林开窗

由连续重复的因素通过一定规律的有秩序的变化形成了渐变韵律，如长度或宽度依次增减，或角度有规律地变化。

由一种或几种要素相互交织、穿插所形成的是交错韵律（图 2-4-10）。

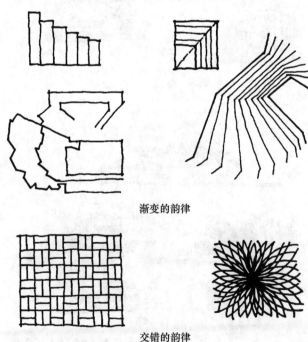

渐变的韵律

交错的韵律

图 2-4-10　交错韵律示意图

③
景观设计方法

3.1 景观设计流程

3.1.1 设计尺度

景观设计师的工作范围包括城市和地域的规划，城市公共空间及绿化、风景及旅游区的规划，城市生态设施规划，校园、居住区、办公设施、工业园区的规划等。不同的项目类型具备不同的尺度，这就要求设计师依据不同的项目具体问题具体分析。例如城市整体空间规划与居住区的详细设计相比，在尺度、设计类型、设计资料上都有较大差别。但无论是何种规模的景观设计项目，只要设计规划、施工建设并投入使用，那么在整个设计过程中，自始至终都要考虑到后期详细的设计尺度问题。

1. 细部尺度和空间尺度（图 3-1-1、图 3-1-2）

景观项目的建造和落成最终都要考虑到尺度的设计，这种尺度包括花园设计及细节构造。这种详细的设计更加考验施工者的施工技艺以及设计师的设计统筹和艺术表现能力。作为设计者，要对空间中的围合类型、氛围、质感、色彩、光照和空间基础设施（桌椅、雕塑、标识、灯具等）的特征及样式都了然于心。在进深空间中，前景要素是视线聚集的焦点。

2. 场所尺度和邻里尺度（图 3-1-3、图 3-1-4）

设计项目及项目土地利用也与尺度有较强的联系。具有特定功能的场地（居住区、校园、广场、公园、运动场等）在设计时要重点考虑到机动车与行人的交通安全尺度标准。而这种人车交通之间的各种关系都能促进对邻里尺度的理解。

3. 社区尺度和区域尺度（图 3-1-5、图 3-1-6）

还有一种尺度也需要关注，那就是社区尺度和区域尺度。这种尺度主要集中于城市用地规划、生态设施设计、涉及跨区域的基础设施规划等项目中。空间界限划分的人工方式

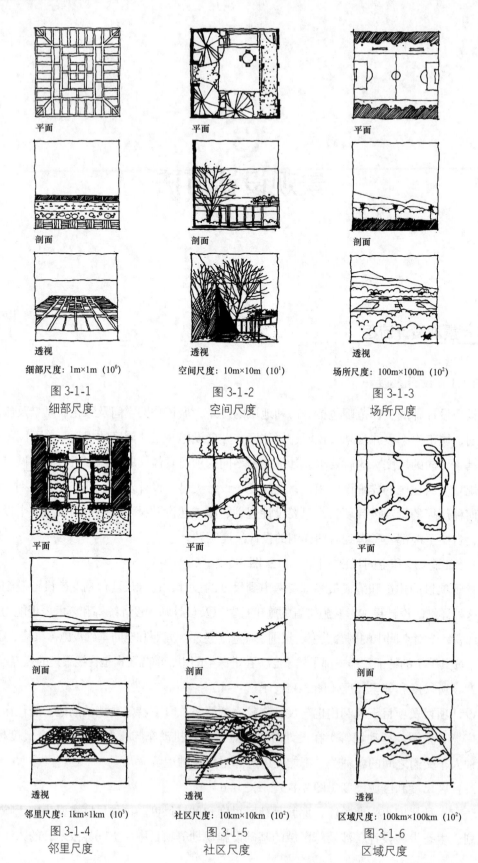

平面

剖面

透视

细部尺度：1m×1m（10^0）

图 3-1-1
细部尺度

平面

剖面

透视

空间尺度：10m×10m（10^1）

图 3-1-2
空间尺度

平面

剖面

透视

场所尺度：100m×100m（10^2）

图 3-1-3
场所尺度

平面

剖面

透视

邻里尺度：1km×1km（10^3）

图 3-1-4
邻里尺度

平面

剖面

透视

社区尺度：10km×10km（10^2）

图 3-1-5
社区尺度

平面

剖面

透视

区域尺度：100km×100km（10^2）

图 3-1-6
区域尺度

有设置标志性的地点与标识、边界、道路等，而自然的空间界限则往往借助地形差异、气温、湿度、植被品类等方式划分。但这两种方式都有助于让人们接受"区域感"。地图是将一个区域看作一个整体的必要工具。区域内的人群活动及行为也对尺度有特别的影响。

约翰·蒂尔曼·莱尔在他的著作《人类生态系统设计：景观、土地利用与自然资源》中对景观与尺度的关系进行了相关解释："与人类相同，极少存在景观孤立存在的情况。景观与景观之间以及景观与整体空间之间都存在着联系，它们形成一个整体，遍布整个地球的景观网络中。事物之间相互联系并相互作用，所以在设计各种尺度的景观时，设计者需要找到景观之间的关系网络并保持其不被破坏。在创造新的关系脉络时，可以将景观放置于更大的尺度空间中进行设计考量。"作为一名景观设计师，掌握各种尺度空间的关系是一项必备技能。尺度的关系形成也离不开当地的经济、文化、生态等因素。

为了避免"破坏关键要素"，景观设计需要对不同尺度空间中的经济、文化、生态因素进行判断与分析，根据分析提出解决方案，使用文字来表达设计思想，以上三点被称为景观设计的三大程序。

3.1.2 设计程序

设计程序包括三个阶段：

分析——现有资料的调查、收集、分析；

方案——立意、布局、造景、要素设计；

表达——图纸、文字、动画、模型等。

1. 分析——现有资料的调查、收集、分析

（1）范围的确定 基地本身＋更大尺度的景观空间所得到的景观范围。之所以不仅考虑设计场地的范围，还要考虑以设计场地为核心的更大范围，就是因为在设计尺度小节里所提到的约翰·蒂尔曼·莱尔在他的《人类生态系统设计：景观、土地利用与自然资源》一书中写道："……事物之间相互联系并相互作用，所以在设计各种尺度的景观时，设计者需要找到景观之间的关系网络并保证其不被破坏。在创造新的关系脉络时，可以将景观放置于更大的尺度空间中进行设计考量。"

（2）调查、收集资料 主要来源于自然因素和人文因素两方面，而自然因素需要分别调研场地外部环境和场地内部环境。

场地外部环境包括：调查周边的主要景观，寻求新景观与原有景观、与周边交通情况的协调统一等。

场地内部环境包括：场地形状；场地地形地貌的坡度、面积、地势等；场地硬质景观及软质景观的位置、朝向、功能、面积、历史等特征；场地自然条件的日照、气温、降水、风向等天文资料等。

人文因素包括：人口数量、文化素养、社会背景、文化古迹、历史传统、民俗习惯、生活习惯及户外活动特点、时间、人群、需求等方面。

在《红楼梦》第十七回《大观园试才题对额　荣国府归省庆元宵》中贾政说："倒是此处有些道理，虽系人力穿凿，却入目动心，未免勾引起我归农之意。"

但是宝玉认为："却又来！此处置一田庄，分明见得人力穿凿扭捏而成。远无邻村，近不负郭，背山山无脉，临水水无源，高无隐寺之塔，下无通市之桥，峭然孤出，似非大观。争似先处有自然之理，得自然之气，虽种竹引泉，亦不伤于穿凿。古人云'天然图画'四字，正畏非其地而强为其地，非其山而强为其山，虽百般精而终不相宜……"

"百般精而终不相宜"的原因就在于没有调研分析场地外部环境，没有做到新景观与周边环境的融合，使得新景观突兀于环境之中。

虽然贝聿铭设计的苏州博物馆新馆是现代建筑，但是和周边的明清园林拙政园和忠王府融为一体，这是因为苏州博物馆新馆尊重周边环境，传承了传统园林及建筑的特色：其一是采用白墙灰瓦的色彩；其二是坡屋顶的建筑造型；其三是建筑围合庭院的内聚式空间，其四是细部设计，如框景的渗透、圆形洞门、竹径通幽、祥云置石等（图3-1-7、图3-1-8）。

图 3-1-7　苏州博物馆新馆① 　　　　　　　　　图 3-1-8　苏州博物馆新馆②

新东京外国语大学校园空间与周围环境相融合（图3-1-9、图3-1-10），设计师使用一条线路将学校西南部与商业区建立起联系，通过这条线路，为校园的生活提供了便利，也为商业区带来了更多的消费者。

设计还创造了两大户外空间与一系列的小空间。首先沿着轴线道路建造了不同功能的社交场所，主入口为商业中心区提供了自行车停车点和休憩场所，进入学校后可以看见一

图 3-1-9 新东京外国语
大学校园景观①

图 3-1-10 新东京外国语大学校园景观②

个圆形广场，这是校园的中心花园，广场主要连接各个功能分区，如图书馆、教学楼、宿舍、咖啡馆，同时承载了校园的主要聚会功能。

设计的第二大特色是另外两个中心花园，这两个中心花园分别建造在校园东西部连接处以及东部未来将要建设的绿色活动中心。为了达到学校要求的户外座椅和开放式景观的目的，设计师在这些空间中加入了很多几何图形的花园以及金字塔式的三维立体广场，利用对比鲜明的园路铺装达到了指示交通的作用。

（3）收集的渠道有：将基地的具体位置、尺寸数据、地形地势等资料标注到草图上；询问使用者和当地人；相关部门的协助。

2. 方案——立意、布局、造景和要素设计

首先进行功能分区的确定，出入口的确定，地形规划、植物规划、布局形式的确定，景观序列的确定，各区域内景观设施内容确定，各景观设施间的组织关系的确定；其次进行道路交通形式、宽度、材料的确定，停车场的布置、植物种类色彩冠幅、儿童游戏区、设施位置的安排设施样式的选择；最后确定座椅的形式、位置、材料。

3. 表达——图纸、文字、动画、模型等

（1）设计说明部分主要内容是设计概况、设计依据、设计原则、指导思想、设计主题、设计构思与布局、主要景点分述、要素设计、经济技术指标等。

（2）图纸部分包括如下：

构思草图：根据场地状况和设计主题将设计灵感进行快速表现，绘制草图（图 3-1-11）；

位置图：景观没有孤立存在的，需用位置图表明设计场地和周边环境的关系（图 3-1-12）；

总平面图：即景观设计细化阶段所形成的平面方案图（图 3-1-13）；

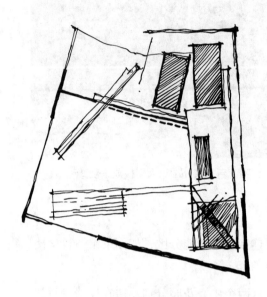

图 3-1-11　构思草图　　　　　　　　　　　　图 3-1-12　位置图

图 3-1-13　总平面图

效果图：以三维形式形象地体现设计意图和景观效果。有总体鸟瞰图和景点效果图之分（图 3-1-14、图 3-1-15）；

分析图：有助于将自己的设计思想和设计方式方法更加充分、直观地表达出来（图 3-1-16）；

图 3-1-14　效果图①

图 3-1-15　效果图②

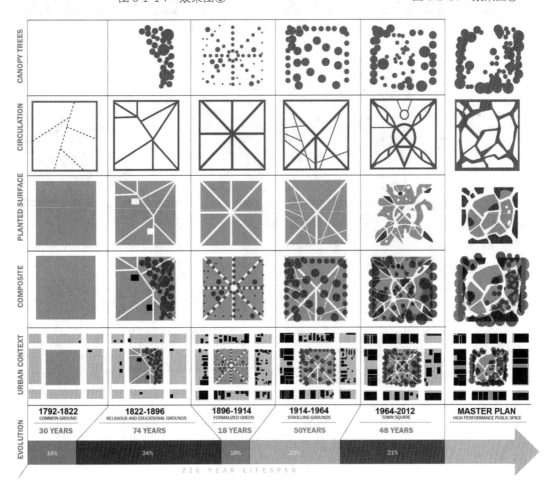

图 3-1-16　分析图

剖面图、立面图：针对某个空间或某个方向从立面上的艺术处理、竖向的高差安排和结构上的材料选择进行较为细致的分析（图 3-1-17）；

要素布置示意图：如灯具布置示意图、景观设施布置示意图等（图 3-1-18）。

图 3-1-19 和图 3-1-20 所示的是一个方案的平面图、立面图、透视图、鸟瞰图和说明的展示。

随着动画和模型制作水平的提高，动画和模型在景观设计表达上得到了广泛的应用，另外立体图纸、图册等也丰富了景观表达的方式，有助于景观设计师全面、生动、形象地表达设计作品（图 3-1-21 ～图 3-1-24）。

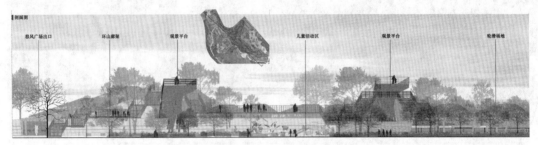

图 3-1-17　剖面图与立面图

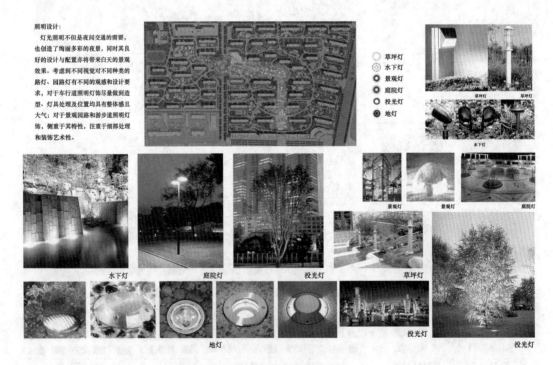

图 3-1-18　要素布置示意图

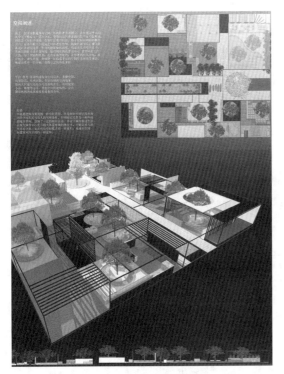

图 3-1-19 方案展示①

图 3-1-20 方案展示②

图 3-1-21 模型

图 3-1-22 立体图纸

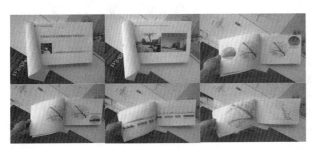

图 3-1-23 图册

图 3-1-24 模型

3.2 景观设计构思

"造园之始，意在笔先"，设计前的构思也被称为立意，是将设计的主旨形成于脑海中，这也是设计师根据场地的需求，融合艺术表现手法和现有环境条件等因素，进行综合考量产生的总体设计意图。

3.2.1 主题的创意与来源：地域性、相关性、设计师的审美情趣和爱好

1. 园林的性质和地位决定了设计意图的产生

如皇家园林的建造意图就要体现出皇室的尊贵地位以及雍容大气，而在私家园林中设计意图则因为建造者群体的显明特点更加突出主题，有的注重宗族文化、文人情怀，有的对仕途平顺的向往或者对世俗的超脱，但大多数还是对自然山水的向往与怡然自得的愉悦。因此可以看出，园林主题的确定与建造场地的功能有着必然的联系。

2. 主题的创意还要注意地域性

主题不是凭空产生的，必须基于当地的地域特性，包括两个方面：社会特色和自然特色。社会特色是将当地的历史文化，例如历史、传统、宗教、神话、民俗、风情融入其中，以适应当地的风土民情，凸显城市的个性。自然特色也不可忽视，要适应当地的地形、地貌和气温、气候。

特拉维夫港口的拉宾广场设计（图 3-2-1～图 3-2-3），该设计在保留原有地形、地势、植物、自然景观的基础上，利用艺术手法与布局形式，将广场与场地环境融合，形成"宛如天工"的效果。场地的高低起伏的地形条件，丰富了广场的竖向层次，标志性的建筑、标识、地貌特征，为空间营造了独特的区域认知感，增强了广场的可识别性，也为游览者留下深刻印象。

图 3-2-1
特拉维夫港口拉宾广场①

对于具有历史文化底蕴的场地，设计师则将场地设计重点放在通过表现手法加强场所的历史文脉，例如北京元大都遗址公园的设计，就将元代的历史文化作为重点予以表现。遗址公园通过壁画、雕塑以及遗址建筑的表现手法，体现出了元代时期的繁

图 3-2-2 特拉维夫港口拉宾广场②

图 3-2-3 特拉维夫港口拉宾广场③

荣景象以及与世界文化的融合。对于历史文化遗址的设计和潜在文化价值的挖掘，对于增强民族自豪感和爱国精神有着重要作用。参与者在游览过程中，与环境产生互动，沉浸于文化氛围，更能激发民族自豪感。

地方精神在设计中也是文化表达的重点，例如位于北京奥林匹克公园内的"龙之谷"设计项目。该项目的设计遵从了斜向机理，保留场地原有水系与林带。设计从三个方面对设计主题进行表达与升华：一是从中国园林设计理念角度，避开了子午线；二是从自然角度，方案根据场地位于华北地区冬夏两季的光照和风向特点，既阻挡了冬季的寒冷西北风，也减少了夏季长时间的西晒导致的气温上升，可以使场地的自然环境更加舒适；三是从历史文化角度，体现了北顶庙的重要地位，且反映了明清以来北京古城至古北口的交通古道。这种设计的斜向机理的保留手法，还与城市的正南北向机理形成地图对比（图3-2-4）。

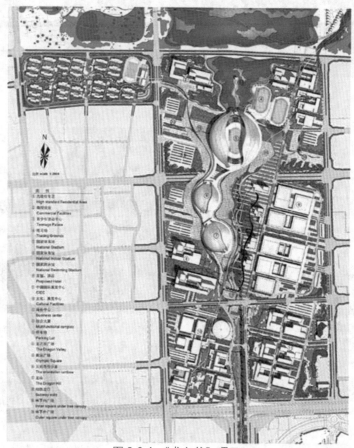

图 3-2-4 "龙之谷"项目

3. 主题的来源还和设计师的情趣爱好有关

同样的场地，不同的设计师赋予不同的主题，设计主题一定程度上表征了设计师的性格特征。对于战争纪念碑的设计，大部分设计师会采用高大宏伟的纪念碑来表达对英雄的崇敬。但是美籍华裔建筑师林璎把越战纪念碑设计成倒 V 字形，中间高两侧低，逐渐伸入地下，显得绵延而哀伤。在她看来，美国对越南发动的这场战争就像噩梦一样，给美国人民带来了苦难，就像大地上的裂缝一般。并且她认为最应该被记住的是为战争牺牲了的每一位战士，而不是战争的名字，所以她在光洁的大理石上刻有每一位战士的名字，人们站在纪念碑的前面，抚触着战士名字的时候，怀念、尊敬等多种情感油然而生（图3-2-5、图 3-2-6）。

图 3-2-5　越战纪念碑①

图 3-2-6　越战纪念碑②

3.2.2　具体的设计手法

1. 大自然的启迪：植物、地形、水体、当地材料

场所客观地存在于自然中，只有人和场所的自然属性（植物、地形、水体）与当地材料等发生了联系，场所才真正具有了地域的自然特性，从而表达出设计主题。这种主题来源于人（设计师）对自然的理解、物的本性或特质显现，来源于人对自然产生的互动关系。

白杨树是华北地区极其常见的树种，茅盾的散文《白杨礼赞》中提到："这就是白杨树，西北极普通的一种树，然而绝不是平凡的树！……难道你就不想到它的朴质，严肃，坚强不屈，至少也象征了北方的农民；……到处有坚强不屈，就像这白杨树一样傲然挺立的守卫他们家乡的哨兵！……宛然象征了今天在华北平原纵横决荡用鲜血写出新中国历史的那种精神和意志。"

塞那维拉居住区环境设计案例大量使用这种北方常见的、价格低廉的树种，从整体出发，运用本土造景元素，向人们展示了一个极富北方个性，集北方所特有的自然风景、地域特性、人文环境和民俗风情于一体的居住空间。小区景观从自然的意境美升华到人的精神境界，使人得到极大的精神享受（图 3-2-7）。

沈阳建筑大学建设的浑河南岸新校区。新校区的主持建造者——北京大学景观设计研究院院长俞孔坚教授

图 3-2-7　塞那维拉居住区

于 2002 年提出了"稻田校园"的设计理念。校园的设计采用了最经济的元素来营造，例如稻草、野草、农作物等。学生在校园中不仅可以学习到课本上的知识，还可以与自然环境进行交流互动，感受自然生态的力量和四季更迭，体会到农民的辛劳与收获的喜悦。在大片的稻田中设置读书台，读书台都有大树和围坐的坐凳，风吹麦浪，带来阵阵读书声（图 3-2-8）。

图 3-2-8　沈阳建筑大学浑河南岸新校区

美国著名景观设计师哈尔普林在 20 世纪 60—70 年代设计的一系列跌水广场作品，像波特兰的系列广场、西雅图高速路公园、曼哈顿广场公园等，这些作品充分显示了哈尔普林用水和混凝土对大自然进行的抽象描述。哈尔普林的设计灵感来源于对加州席尔拉山山涧溪流和美国西部悬崖自然景观环境的观察，并将观察进行总结提炼并运用到设计中，对其设计手法集中展示的代表作是波特兰系列广场。爱悦广场第一个节点设计出了一系列不规则台地来模拟自然等高线，方案中使用的跌水景观表现手法就是他对自然水系观察的结果，在这样的环境中，游览者将会不自觉地与流水进行互动，感受自然的快乐情趣（图 3-2-9）。沿着方案的交通规划路线继续行进，就会抵达广场的第二个节点——帕蒂格

图 3-2-9　爱悦广场

罗夫公园。在这个公园内种植了许多郁郁葱葱的树木，因此，空间的气氛也变得沉静下来，这与前面的第一个节点形成了一种不同的环境体验。第三个节点是伊拉·凯勒水景广场，广场分为源头广场、大瀑布和水上平台几部分，水流从混凝土的峭壁中垂直倾泻下来。

哈尔普林的这种对自然元素在景观设计方案中的运用，并不是对大自然景观的照搬照抄，而是设计者亲临大自然，对大自然观察体验后形成的感悟与提炼总结，因此，在他的设计方案中，除了自然的美感，也能体验到本真的精神力量。

美国景观设计师哈格里夫斯在设计中同样对自然景观有着独到的运用，他将自然环境中水流、风力对土壤的侵蚀进行了艺术化的夸张，运用到景观设计中，形成了特殊的景观效果。

2. 要素的保留和恢复

要素的保留和恢复是体现场所精神主题非常有效的方法，这并不是要将所有有着"烙印"的要素刻意地保留，随着社会的不断发展，赋予场所活力意味着在新的社会条件下创造场所新的用途，因此创造性地保留才是延续场所精神的方法。

彼得·拉茨在杜伊斯堡风景公园的设计中，保留了原来工厂中的构筑物，部分构筑物被赋予了新的使用功能，高炉等工业设施可以让游人安全地攀登、眺望，废弃的高架铁路可以改造成为公园中的游步道，并被处理为大地艺术的作品，工厂中的一些铁架则成为了攀缘植物的支架，彼得·拉茨将这些旧的景观结构和要素进行了保留和改造，让人们可以去感受历史，体验场所精神（图3-2-10）。

中山岐江公园在中山粤中造船厂的原址上进行改造设计。粤中造船厂是我国社会主义工业建设的缩影，体现了中山人对国家建设发展的贡献，从20世纪50年代到90年代，浓缩了一代代中山人的时代背影。因此，保留时代印记和中山城市文化，并让体验者在空间环境中产生共鸣是设计的重点，而保留并不是让空间一成不变，而是将空间的历史沉淀与现代的艺术手法及功能需求相结合，这也考验设计者对改造方式与改造程度的把控能力。从这个意义上讲，设计包括对原有形式的保留、修饰和创造新的形式。中山岐江公园设计师把具有工业记忆的生产工具和厂房进行保留、维护，使环境的历史文化氛围更加浓厚与深切（图3-2-11）。

保留：保留场地中的自然与人文元素，使之成为整体景观的有机组成部分，直接地唤起造访者对场地营造出的某种精神的体验。水体和部分驳岸也基本保留原来形式，古树全部都保留在场地中（图3-2-12）。

改变：通过增与减的设计，在原有"工厂遗留的建筑、构筑物、设施"基础上产生了新的形式，其目的是为了艺术化地再现原址的生活和工作情景，揭示场所精神，同时，更充分地满足现代人的需求和欲望。

图 3-2-10
杜伊斯堡风景公园

图 3-2-11
中山岐江公园①

图 3-2-12
中山岐江公园②

加法设计：充分表达"遗留的建筑、构筑物、设施"的意义。例如：烟囱与龙门吊，场地中遗留的破旧烟囱外围加上龙门吊和工人的雕塑，充分再现了当时工人挥汗如雨的工作场景（图 3-2-13）。

减法设计：揭示"遗留的建筑、构筑物、设施"的本质。例如骨骼水塔，骨骼水塔是在原来水塔的基础上去掉混凝土保留钢筋结构的做法，以表达水塔的本质（图 3-2-14）。

再现：通过白色柱阵、直线路网、红色记忆（装置）、绿房子、铁栅涌泉之类景点的全新设计表达现代景观的特点，满足人们的使用需求（图 3-2-15、图 3-2-16）。

3. 传统形式的继承和借鉴

通过继承和借鉴传统的形式，表现场所曾有的文化印记。对形式的继承和借鉴应该是在充分了解传统建筑风格的产生背景和精髓特色的基础上，然后创新性地使用，而不应该

图 3-2-13　烟囱与龙门吊

图 3-2-14　骨骼水塔

图 3-2-15　红色记忆（装置）

图 3-2-16　直线路网

是整体模仿和照搬。

　　上海世贸大厦的建筑外形设计借鉴了中国古塔之一的密檐塔，这种砖塔底层尺寸最大，以上各层的高度缩小，使各层屋檐呈密叠状，塔身越往上收缩越急，形成极富弹性的外轮廓曲线，直至塔顶以高耸的塔刹结束。但是上海世贸大厦在材料选择、细部设计、结构设计、空间设计等方面均是现代建筑的风格，实现了传统与现代的完美结合（图 3-2-17 ～图 3-2-19）。

　　彭一刚院士在设计华侨大学承露泉广场时，受到汉武帝于建章宫设计承露盘以承甘露的故事所启发，做出了承露泉方案的雏形。雨露、甘泉都具有"培育"的功能，借比兴的手法移植到人，便转化为教化育人的功能。这不仅体现了学校的文化特色，而且使整个交往场所具有了精神内涵（图 3-2-20）。

图 3-2-17 上海世贸大厦　　　图 3-2-18 上海世贸大厦细部　　　图 3-2-19 密檐塔图

图 3-2-20 华侨大学承露泉广场

　　景观设计还应从古典园林汲取营养，如内聚式空间布局、园中园、欲扬先抑、传统的图案符号和色彩等，融入现代景观设计语言，如简洁的布局、平滑的曲线、动感的折线、各种变化的几何和自然图形、时代感的材料（如混凝土、钢铁、玻璃等）、丰富的色彩等，将传统元素和现代元素有机地结合在一起，以现代人的审美需求来打造富有中国传统韵味的景观。

　　万科第五园小庭院为了将中式古典园林中的漏窗进行更加强烈的对比，将墙面中悬挂抽象的花窗图样与墙体中的实体漏窗形成虚实对比（图 3-2-21）；西安曲江华府在入户门设计上则是通过中国传统吉祥纹样（蝙蝠、祥云和寿字等）进行装饰，表达了对未来生活的美好祝愿（图 3-2-22）。北京奥运村在中国文化的表达中便使用了具有我国浓厚文化韵味的景观小品，如村内的四个区域采用了四种不同的中式窗花纹样，对空间内的桌椅、坐凳、屏风、灯具等进行装饰，体现了浓厚的中式文化氛围（图 3-2-23）。

图 3-2-21　万科第五园小庭院　　　　　　　　图 3-2-22　西安曲江华府

图 3-2-23　北京奥运村

　　万科第五园景墙窗框设计采用现代简洁的形式，将宽阔水景和对面建筑景色纳入观赏视域（图 3-2-24）。现代简洁实墙与漏墙虚实结合，院内竹子若隐若现，含蓄雅致，形成富有变化的景观效果（图 3-2-25）。

　　将形式作为一种符号，或是结合到设计中，或是将之抽象变形，也可以取得相似的效果。查尔斯·摩尔设计的新奥尔良意大利广场，是为侨居美国的意大利人提供聚会、交往、娱乐的场所。中心水池将意大利地图搬了进来，广场周围建了一组弧形墙面，罗马风

图 3-2-24　万科第五园①　　　　　　　　图 3-2-25　万科第五园②

格的科林斯柱式、爱奥尼柱式使用了不锈钢的柱头，整个广场采用了大量的罗马时期的形式符号，所有这些无一不表现一个共同的主题——意大利的历史和文化（图 3-2-26）。

4.用构筑物的外观造型来象征意义

构筑物的外观造型与被表现事物或事物特性之间要求具有关联性，并在设计中用暗示、联想、回忆的手法使体验者体会设计主题。

玛莎·施瓦茨在美国加州商业城环境设计中，将棕榈树种在红色和灰色混凝土铺装的格子状地面上，并给每株棕榈树预先套上白色的混凝土"轮胎"，获得了对该场地原为轮胎厂旧址的隐喻效果，使场地精神得到了延续（图 3-2-27）。

图 3-2-26　新奥尔良意大利广场　　　　　图 3-2-27　美国加州商业城环境设计

河北省迁安市三里河的带状公园以"红折纸"作为主题。迁安历史悠久，当地的剪纸艺术极具特色，被誉为"北方纸乡"，公园主题的形式和灵感受到当地剪纸艺术的启发。在选择材料时，考虑到玻璃钢材料与纸的特征有相同之处，其可塑性较好，尤其是在现场进行加工和施工时都较为便利，并且在后续维护管理方面也很方便，所以，选用玻璃钢这种材料是最为合适的。在公园中，整体设计是把当地的剪纸艺术元素概念运用在公园内的户外家具和公园设施中，并且将公园内的自行车棚、雨亭、坐凳等都在设计时将其折在一起，从而形成一个系列，打造为连续的装置艺术品。另外，将木栈道的形式与之结合在一起，形成一条具有特色体验的休闲廊道。在公园内，从早到晚，拍照的模特、遛弯的老人、遛狗的女人、过路穿行的男子、放学的儿童们……"红折纸"好像自带磁石功能，将各类人群吸引到此处游憩玩乐。它又好似一块重要的背景屏幕，向人们展示丰富的城市生活，为人们提供健康的生态体验，将日常的生活环境与艺术特色体验融合在一起（图3-2-28、图3-2-29）。

图 3-2-28 带状公园"红折纸"装置①

图 3-2-29 带状公园"红折纸"装置②

5. 用空间来隐喻主题

这种体现主题的方式比较含蓄，通常需要体验者具有一定的文化素养和背景知识，对场所具有一定的了解。

在跨越了近20年的华盛顿罗斯福纪念公园的设计过程中，哈尔普林将空间的纪念性与人们的参与体验有机地结合起来，纪念公园从入口向内按时间先后顺序展开四个主要空间及其过渡空间，第一区给人的第一印象就是从岩石顶倾泻而下的水瀑，平顺有力，象征罗斯福就任时誓词所表露的那种乐观主义与一股振奋人心的惊人活力。第二区表达经济恐慌：进入第二区让游客强烈地感受到的就是图腾与雕像所呈现的当时全球经济大恐慌所带来的失业、贫穷、社会无助与金融危机等种种亟待解决的问题，图中的雕像就是当时大量的失业人口与饥民在领取食物排队的场景。第三区表达第二次世界大战：由园道进入第三区的步道口，崩乱的花岩石块散置两旁，有如被炸毁的墙面的乱石一样，象征第二次世界大战带给人民的惨状。第四区表达和平富足：历经经济恐慌与第二次世界大战的浩劫后，迎来战后建设的全面复苏，一片欣欣向荣的景象；以舒适的弧形广场空间表达开放辽阔的效果，对角端景是动态有序的水景衬以日本黑松，产生一种和谐太平的景致。通过花岗岩石墙、瀑布、雕塑、石刻记录等形成的四个空间中近乎自然的手法象征了罗斯福总统在位期间最具影响力的事件，通过这些方式来表达人们对罗斯福总统的缅怀，同时，这种形式也表现出罗斯福总统是一位平易近人的领袖。

在汶川地震纪念公园的设计中，设计师以不稳定的折线为空间的主要形式，同时通过地形变化做成下沉空间，再辅以铺装及灯光的处理，使人们感知到地震所带来的大地开裂一般的破坏，在周边小空间的营造中分别通过变化的条石、抽象的小鸟翅膀、金字塔等元素共同表达了对美好生活的向往（图 3-2-30、图 3-2-31）。

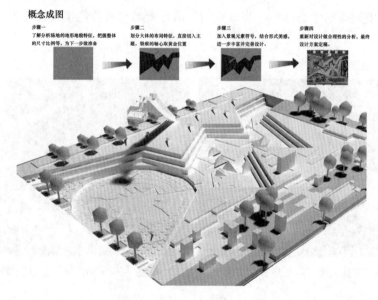

图 3-2-30　汶川地震纪念公园①

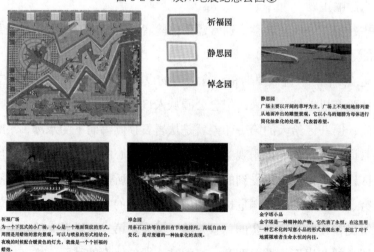

图 3-2-31　汶川地震纪念公园②

3.3　景观设计布局

在分析、立意的基础上，对绿地、水体、道路及广场等进行综合有序、合理的布置，确定重要节点的位置，以及节点之间的相互联系，由设计者把各种空间按照一定的要求有机地组织起来，这个过程称为布局。

景观布局形式有四类——规则式、自然式、抽象式和混合式。规则式和自然式是传统的布局方式，抽象式布局是在西方现代艺术的影响下形成的一种全新布局方式，混合式布局是规则式、自然式和抽象式的有机组合。

3.3.1　规则式布局

文艺复兴时期意大利台地园和19世纪法国勒诺特设计的平面几何图案式园林为规则式布局的代表。印度泰姬陵（图3-3-1）和我国北京天坛、南京中山陵也是运用了规则式的布局方式。

1. 特点

规则式布局具有明确的轴线和几何对应关系，讲究图案美、平面布局、立体造型和建筑、广场、街道、水面、花草树木等方面严格对称。

2. 情感

规则式布局给人以雄伟、整齐、简洁大方、视线开朗、庄严肃穆、豪华热烈的情感感受。目前，规则式布局主要应用在市政广场、纪念空间或有对称轴的建筑庭院中。

3. 要素特征

中轴线：平面规划有明显的中轴线，以中轴线为基准，然后再进行前后左右对称或拟对称布置。

地形：分为两种情况，一是在开阔、较平坦的地段，由不同高度层次的水平面及缓倾斜的平面组成；二是在山地及丘陵地段，由阶梯式的大小不同的水平台地倾斜平面及石级组成，其所形成的剖面均为直线。

水体：作为规则式布局的常见的要素，其外形轮廓多为几何形，以圆形和长方形为主，水体的驳岸多进行重新规整，有时会在其中设计合适

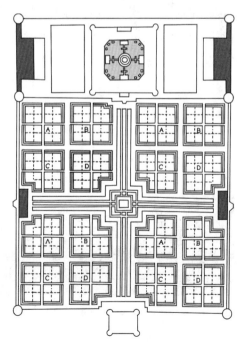

图 3-3-1　印度泰姬陵

的雕塑。例如，会将古代的神话雕塑和喷泉相结合，构成水景。水景的类型也有多种形式，如整形水池、整形瀑布、喷泉、壁泉及水渠运河等。

广场和街道：广场与街道相结合，构成方格形式、环状放射形、中轴对称或不对称的几何布局。但两者形式有所不同，广场多为规则对称的几何形，主轴线和副轴线将其划分为主次分明的布局；而街道多为直线形、折线形或几何曲线形。

建筑：主体建筑群和单体建筑在设计时，大多采用中轴对称均衡形式。将其与广场、街道相结合，形成主轴、副轴系统，从而控制全园的总格局。

种植设计：在进行植物配置时，要与中轴对称的总格局相适应，全园树木配置以等距离行列式、对称式为主。在进行树木修剪整形时，其形式参照建筑形体、动物造型。规则式布局中，绿篱、绿墙、绿柱则是较突出的特点，因此在园内进行划分和组织空间时，常运用大量的绿篱、绿墙和丛林。花卉布置时，花坛和花带常以图案为主要内容，有时会布置成大规模的花坛群。

景观小品：常常使用雕塑、瓶饰、园灯、栏杆等形式来装饰点缀园景。其中，雕像的设计大多配置于轴线的起点、焦点或终点，有时也会和其他形式相结合，例如喷泉、水池等形式，共同组成水体的主景。

设计方法：轴线法是景观设计中的常用方法，由纵横两条相互垂直的直线组成轴线，成为把控全园布局以及整体构图的十字架，然后，在主轴线的基础上衍生出若干次轴线，这些轴线有些相互垂直，有些呈放射状分布，在整体上形成左右对称或上下左右都对称的图案型的布局形式，如济南泉城广场的设计，主轴贯通趵突泉、解放阁的边线，再以榜棚街和泺文路的延续为副轴而构成整体框架，形成各功能分区在围绕轴线的基础上，由西向东依次展开（图 3-3-2、图 3-3-3）。

图 3-3-2　济南泉城广场①

图 3-3-3　济南泉城广场②

3.3.2 自然式布局

中国园林的发展经历了漫长的岁月，从周朝开始，后经历代的不断完善与发展，不管是皇家宫苑还是私家宅园，都是以自然山水园林为主，一直到清代。如颐和园、承德避暑山庄，这些保留至今的皇家园林都是自然山水园林的代表；在私家宅园中，更是有许多代表作品。中国园林后来又相继传入其他国家，例如在6世纪传入日本，18世纪后传入英国。

1. 特点

自然式园林的特点是自然、自由、有法无式、循环往复。其原则是本于自然而高于自然，在平面布局上更多的则是曲折蜿蜒的平面（图3-3-4）以及高低起伏的地形（图3-3-5）。立体造型及景观要素规划布置时，大多追求比较自然和自由的形式，元素之间的关系隐蔽含蓄。这种形式更加适合于有山、有水和有地形起伏的环境中，带给人一种含蓄、幽雅、意境深远的感受。

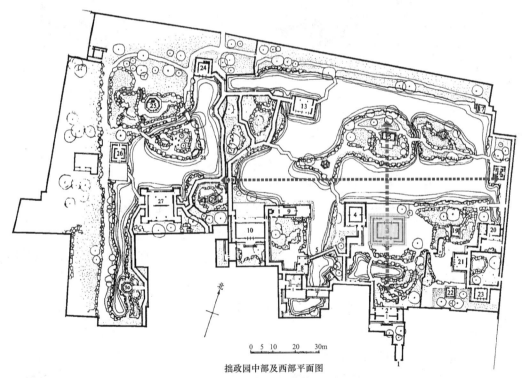

拙政园中部及西部平面图

1—园门　2—腰门　3—远香堂　4—倚玉轩　5—小飞虹　6—松风亭　7—小沧浪　8—得真亭　9—香洲　10—玉兰堂　11—别有洞天
12—柳荫曲路　13—见山楼　14—荷风四面亭　15—雪香云蔚亭　16—北山亭　17—绿漪亭　18—梧竹幽居　19—绣绮亭　20—海棠春坞
21—玲珑馆　22—嘉宝亭　23—听雨轩　24—倒影楼　25—浮翠阁　26—留听阁　27—三十六鸳鸯馆　28—与谁同坐轩　29—宜两亭
30—塔影楼

图3-3-4　蜿蜒曲折平面

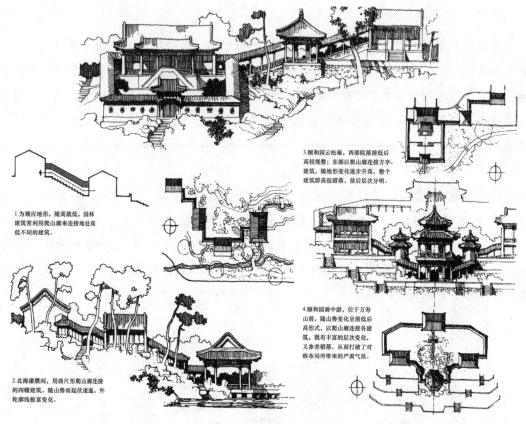

3.顾和园云松巢,西部院落前低后高较规整;东部以爬山廊连接方亭、建筑,随地形变化逐步升高,整个建筑群高低错落,前后层次分明。

1.为顺应地形,随高就低,园林建筑常利用爬山廊来连接地处高低不同的建筑。

2.北海濠濮间,用曲尺形爬山廊连接的四幢建筑,随山势而起伏逶迤,外轮廓线极富变化。

4.顾和园画中游,位于万寿山前,随山势变化呈前低后高形式,以爬山廊连接各建筑,既有丰富的层次变化,又参差错落,从而打破了对称布局所带来的严肃气氛。

图 3-3-5 自然起伏地形

2. 情感

以本于自然而高于自然为原则下的布局一定会带给人们回归自然、轻松活泼之感,蜿蜒的曲线、起伏的地形和浪漫的造景又带给人们含蓄、幽雅、意境深远的氛围。

3. 要素特征

地形:自然式布局设计注重"相地合宜,构园得体"。在处理地形的过程中,其设计手法为"高方欲就亭台,低凹可开池沼"的"得景随形"。自然式布局最主要的地形特征是"自成天然之趣",因此,布局设计要加入自然界的元素特征,例如山峰、山颠、崖、岗、岭、峡、岬、谷、坞、坪、洞、穴等地貌景观(图 3-3-6)。若是在平原区域,在设计时要加入自然起伏、缓和的微地形形式,且剖面为自然曲线(图 3-3-7)。

水体:自然式布局的水体重视"疏源之去由,察水之来历",在设计时水体要再现自然界水景的形式,主要有湖、池、潭、沼、汀、溪、涧、洲、渚、港、湾、瀑布、跌水等类型。水体的轮廓在形式上自然曲折,水岸为自然曲线的倾斜坡度,驳岸的体现形式主要用自然山石、石矶等。如果位于建筑附近,或根据造景需要时可在部分区域用条石砌成直线或折线驳岸(图 3-3-8、图 3-3-9)。

图 3-3-6 假山景观

图 3-3-7 微地形

图 3-3-8 水体驳岸①

图 3-3-9 水体驳岸②

广场与街道：除了建筑前的广场可为规则式以外，景观空旷地和广场的外形轮廓最好选择自然式。根据地形的状况来布置、排列道路的走向，且道路的平面和剖面选取自然、曲折变化的平面线和竖曲线（图 3-3-10、图 3-3-11）。

建筑：在自然式布局的建筑形式中，单体建筑和建筑群的布局形式有所不同，单体建筑的形式多为对称或不对称的均衡布局，而建筑群则多采用不对称均衡的布局。整体布局不以轴线控制，但局部仍采用轴线的处理方式。中国自然式园林中的建筑类型丰富，有亭、廊、榭、坊、楼、阁、轩、馆、台、塔、厅、堂等。

种植设计：选用不成行、不成列的种植方式，而且要展现出自然界植物的群落之美。使其自然生长，树木不用经常修剪，在选择配植搭配时，形式以孤植、丛植、群植、密林为主。花卉种植时，主要以花丛、花群、花境、花箱为主（图 3-3-12、图 3-3-13）。

景观小品：包括假山、石品、盆景、石刻、砖雕、石雕、木刻等，其位置多放置于景观中透视线所集中的焦点处，其中雕像的底座大多是自然形式。

设计方法：山水法。自然式布局是把自然景色和人工景观通过布局和造景，两者有机地融合在一起，达到虽由人作，宛自天开的效果。山水是自然式布局的骨架，所以布局时要结合现场的调研现状，根据因地制宜的设计原则，"高方欲就亭台，低凹可开池沼"。若

图 3-3-10　道路及节点①

图 3-3-11　道路及节点②

图 3-3-12　花境

图 3-3-13　花箱

是原地形比较平坦，也可以选用挖湖堆山的方式。所谓挖湖堆山是把原来单一的平地变成了三种地形：平地、水体和山体，视景线也由平视变成了仰视、俯视和平视。营造山水布局注意山嵌水抱的态势，山体布局注意主山、宾山和余脉的关系，山的脉络是连通的，并非各自孤立的土丘。水贵有源，水面有聚有分，有时故意做出亿万港汊，曲折幽深，且自然豪放。以山水骨架为基础再设计蜿蜒曲折的道路、广场和随机布置的建筑及设施，形成有机的自然式布局。

3.3.3　现代式布局

20 世纪 60 年代后，在环境艺术和后现代主义的影响下，出现了以矩形、三角形、圆形、椭圆形、曲线、直线、斜线等形体元素形成的空间。鲜明的色彩、简洁的形式、流畅的曲线、纯净的质感、适合的比例、美妙的均衡是其特点。现代式布局的装饰性和规律性较为明显，在线条上，与自然式相比，更为流畅且规律，但比规则式更显活泼和富有变化。现代式布局在美学原则基础上使用新材料、运用新技术，并在现有形式上，对其布局进行变形、集中、提炼等，使其具有创新性和时代感。这种布局方式的风格流派主要有极简主义景观风格、解构主义景观风格。

现代式景观布局的特点在于瓦解轴线。古典园林在布局时，通过一系列轴线组织序列，并由中心焦点和围合要素界定闭合体，而现代主义景观布局与其不同的是追求非对称的构图形式，在动态中寻求平衡。景观设计为人创造一个自然变化丰富的环境，不使人的视线集中至一点。当然也不是说现代主义景观完全没有轴线，使用轴线的形式并不意味着强调轴线，而是利用不完全对称布局的景物，或在折线的边缘处把对称的局面进行彻底打破，最终追求不对称的均衡。托马斯·丘奇、丹·克雷、哈尔普林等都是现代主义景观的代表人物。

1. 特点

以矩形、三角形、圆形、椭圆形、曲线、直线、斜线等形体元素形成空间。其特点是鲜明的色彩、简洁的形式、流畅的曲线、纯净的质感、适合的比例、美妙的均衡。

2. 情感

具有较浓的装饰性和规律性，在线条的形式上，比自然式布局更为流畅且有规律可循，比规则式布局更显灵活而富有变化。现代式布局在新材料、新技术的基础上，对形式运用其美学原则，例如变形、集中、提炼等，使布局形式更具有创意和时代气息。

3. 解构主义风格特征

解构主义也称后结构主义，是在批判结构主义的基础上发展的。结构主义的景观设计布局在等距的方格网内，框定一个没有生气的僵死的模式，体现出对这个现实世界的复杂以及人类情感和地域性丰富的漠视。

解构主义景观设计对现有的设计规则持反对的态度，更喜欢对理论进行重新归纳整合，打破了过去建筑结构重视力学原理的横平竖直的稳定感、坚固感和秩序感。提倡分解、片段、不确定、不完整、拆散、移位、斜轴、拼接等手法，在方格网的基础上改变空间方向和格局，融入自然不对称的形式，形成多样的空间。

屈米设计的法国巴黎的拉·维莱特公园由点、线、面三层基本要素构成（图 3-3-14～图 3-3-18）。

在基址上先画一个 120 米 ×120 米标准尺寸的方格网，然后在方格网上，约 40 个交会点处各建造一个突出明显的红色建筑，作为园中点的要素存在，并有点景的作用。这些建筑的形状都是在长宽高各为 10 米的立方体中进行变化，有些建筑并没有使用功能，仅仅作为点的要素存在；有些建筑则承担着使用功能，例如有展览室、小卖部、咖啡馆、音响厅、钟楼、图书室、手工艺室的作用。在公园中，线元素主要体现在公园两侧的两条长廊、几条笔直的林荫道和一条贯通全院重要部分的流线型游览线路。公园内线性元素的使用，不仅是对结构主义方格网所建立起来的秩序进行突破，而且也将公园的主题小院，包括境园、风园、雾园、龙园、竹园等联系到一起。

公园内这些红色建筑，尽管在布局时利用方格网进行放置，但由于这些交会点的间距

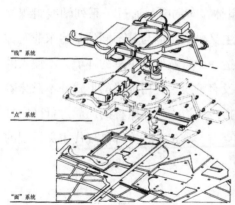

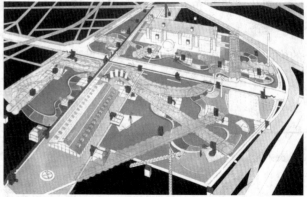

图 3-3-14 拉·维莱特公园点、线、面分析图　　　　图 3-3-15 拉·维莱特公园①

图 3-3-16
拉·维莱特公园②

图 3-3-17
拉·维莱特公园③

图 3-3-18
拉·维莱特公园④

较远，建筑体量也不大，建筑形式也都不相同，因此，大面积的植物成为面元素的体现，形成了景观的总体基调。而建筑更像是一个个红色的标志，生长在大面积的绿地中，使人感觉不到这些方格网的存在，整个景观充满了自然的气息。

4.极简主义风格特征

极简主义利用简化的、符号的形式，来表现深刻而丰富的内涵，并通过简练和集中的特点达到便于人们理解序列和传达预想的意义。极简主义更加追求概括的线条和简单的形式，重视各个相关要素之间的关系和合理的布局。极简主义景观设计推崇的真实就是客观存在，在形式上追求独特新颖的特点，来创造属于自己的欣赏环境，注重使用者的真实视觉体验。极简主义风格代表人物彼得·沃克，他将丰富的历史与传统知识融入自己的设计中，不仅顺应时代的需求，在施工方面也技艺精湛。在他的设计中，人们可以看到简洁现代的形式、浓厚的古典元素，以及感受到神秘的氛围和原始的气息，他将艺术与景观设计完美地结合起来并赋予项目以全新的含义。对自然材料改变原来的自然结构，然后将它们重新整合，成为一种新的结构，在视觉上带来一种新的特色体验（图 3-3-19～图 3-3-24）。

图 3-3-19
彼得·沃克设计作品①

图 3-3-20
彼得·沃克设计作品②

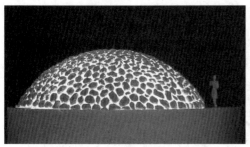

图 3-3-21
彼得·沃克设计作品③

图 3-3-22
彼得·沃克设计作品④

图 3-3-23
彼得·沃克设计作品⑤

图 3-3-24
彼得·沃克设计作品⑥

（1）极简主义特点

平面形式——简洁明晰现代；

设计手法——重复摆放物体，对自然材料改变原来的自然结构，然后将它们重新整合；

元素——古典、原始；

形体——多用简单几何形体，具有纪念碑风格；

颜色——只用一两种颜色或黑白灰。

（2）极简主义设计方法

重视几何形体元素和自然形体元素的有机结合。几何形体有矩形形式、三角形形式、圆形形式等。自然形体有蜿蜒的曲线、自由的椭圆形、不规则多边形、生物有机体边缘线、多种形体的聚合分散等。

① 矩形模式：在景观设计中，矩形是最常见的组织形式。场地流线功能等分析图很容易变成由矩形模式的组合形成的空间布局（图 3-3-25、图 3-3-26）。

② 三角形模式：能够使空间中具有动感，给人运动的感受，在水平方向上进行变化，动感的体验则会更加强烈。为了使空间能够协调统一，对应线条之间应保持平行。在设计时，有两种常用的三角形模式：45°/90° 模式（图 3-3-27）和 30°/60° 模式（图 3-3-28），尽量避免其他角度的三角形的面或线。

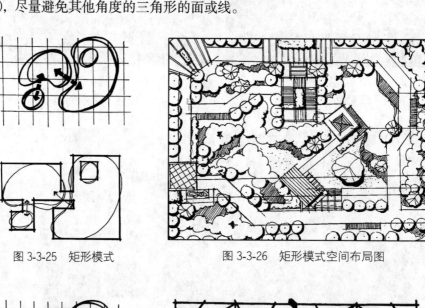

图 3-3-25　矩形模式　　　　　图 3-3-26　矩形模式空间布局图

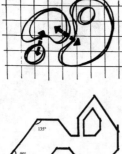

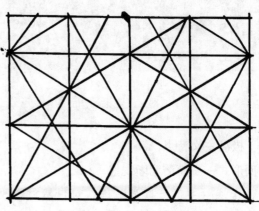

图 3-3-27　45°/90° 模式　　　　　图 3-3-28　30°/60° 模式

③ 正六边形模式：空间在一定程度上要比三角形模式简洁，在平面布局上可以让边变形相接、相交或嵌连，为了使空间具有统一性，在排列时应尽量避免旋转（图3-3-29、3-3-30）。

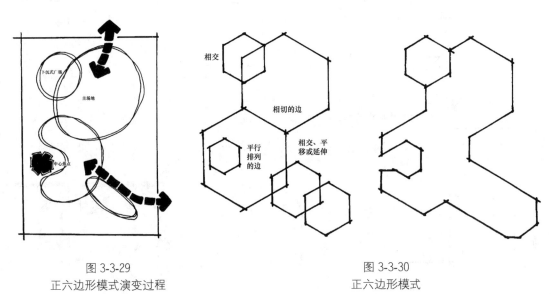

图 3-3-29
正六边形模式演变过程

图 3-3-30
正六边形模式

不规则多边形：与一般的几何形体不同的是长度和方向带有明显的随机性。绘制时采用 100° ～ 170° 和 190° ～ 260° 之间的角，避免使用太多 90° 或 180° 的角，也不要用相差不超过 10° 的角，也不可用太多平行线，因为使用太多 90° 和 180° 和平行线就会有几何图形的规整特点，不要使用锐角，不利于景观的使用和养护（图3-3-31）。

④ 圆形模式：有至少四种组合模式，分别是：

多圆组合：不同尺度的圆相叠加或相交，相交时尽量 90° 交，叠加时不要紧贴边缘（图3-3-32）。

同心圆和半径：把同心圆和半径的网格放于方案纸的下面（图3-3-33）。

圆弧和切线：可以形成流畅的优美曲线，每个拐弯的平面都是圆弧和切线相切（图3-3-34）

圆的一部分：半圆、1/4 圆、馅饼的形状（图3-3-35）。

圆形模式具有简洁感、统一感、整体感，象征着运动和静止（图3-3-36）。椭圆形模式的组合和圆的模式组合大同小异，可参考圆的模式（图3-3-37）。

自由的椭圆：和圆相比，椭圆适用的场地形式广泛，而且椭圆形也可以变换成许多有趣的形式（图3-3-38）。

蜿蜒的曲线：应用最广泛的自然形式，具有曲线圆滑，时隐时现，富于自然气息的特点。避免产生直线和无规律的颤动点（图3-3-39）。

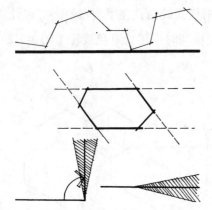

图 3-3-31 不规则的多边形

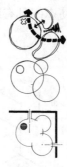

图 3-3-32
多圆组合

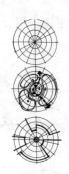

图 3-3-33
同心圆和半径

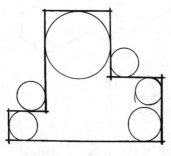

图 3-3-34
圆弧和切线

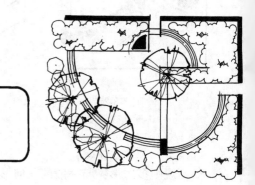

图 3-3-35 圆的一部分

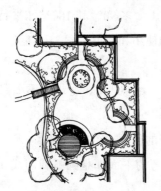

图 3-3-36 圆形模式

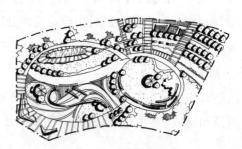

图 3-3-37 椭圆形模式

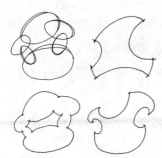

图 3-3-38 自由的椭圆形

图 3-3-39 蜿蜒的曲线

生物有机体边缘线：是完全随机的形式，不规则程度是前面提到的曲线椭圆等多不能比拟的，如岩石上的地衣的生长形态、融化的冰雪轮廓、自然河流的河床的边缘线等。用工业材料表达出最自然的形式——生物有机体边缘线，能增加观赏者的兴趣（图 3-3-40）。

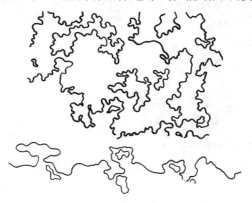

图 3-3-40　生物有机体边缘线形式

多种形体的整合：形式语言与美学规律的结合，多运用 90° 相交、平行线、聚合分散、逐渐过渡、通过圆心、通过端点或中点的办法实现多种形式之间的和谐（图 3-3-41 ～图 3-3-45）。

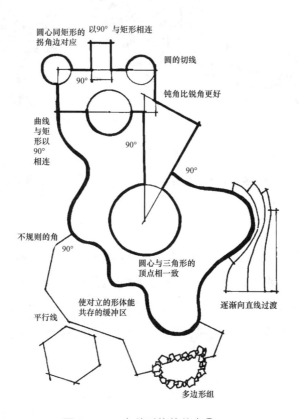

图 3-3-41　多种形体的整合①

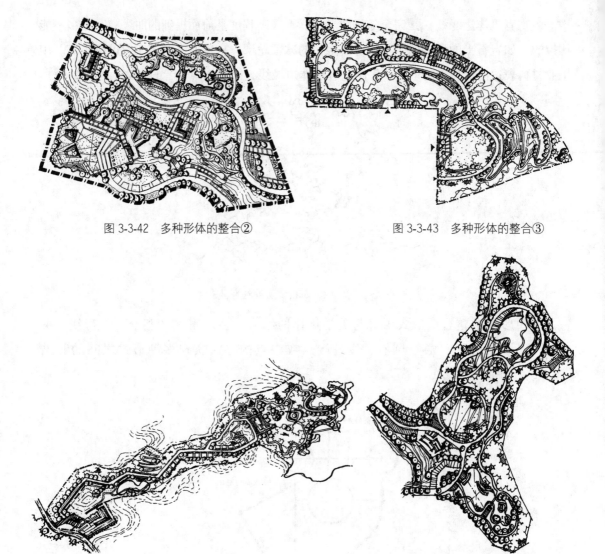

图 3-3-42　多种形体的整合②　　　　　　　　图 3-3-43　多种形体的整合③

图 3-3-44　多种形体的整合④　　　　　　　　图 3-3-45　多种形体的整合⑤

　　在进行平面布局时，可对水平面进行一定的提升或降低，突出垂直元素或发展上部空间，又或者增加休闲娱乐设施，赋予空间更多的功能（图 3-3-46）。如珠山生态游乐园设计（图 3-3-47、图 3-3-48），该项目采用简单、精致的方式，用最低限度的形式语言构建了一组简洁的平面布局，以弧线和折线形式为主，功能划分明确，细节丰富多变，服务设施齐全。

3.3.4　混合式布局

　　混合式布局是指规则式、自然式、抽象式三种形式相互组合，这种布局主要是在全园

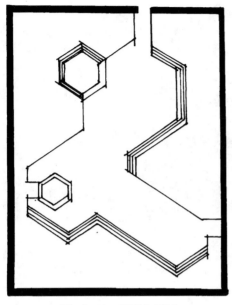

图 3-3-46 平面布局图

图 3-3-47 珠山生态游乐园①

图 3-3-48 珠山生态游乐园②

的整体布局上没有主中轴线和副轴线，只有在局部区域、建筑有中轴对称的形式，并且整个园内没有明显的自然山水骨架，无法形成自然格局。不同场地的现状和功能对布局形式的要求不同，若场地原地形平坦，在总体规划的需要下对其进行规则式布局和抽象式布局设计；如果原地形的状况复杂，多为崎岖不平的丘陵、山谷、洼地等，则要结合地形设计为自然式和抽象式布局（图 3-3-49）。

图 3-3-49　混合式布局

3.4　景观设计结构

3.4.1　点线面

布局时平面图反映出景观设计要素的各种点、线、面的关系，在这里，线是指骨架线，点是指节点和标志，面是指景观分区或功能分区的每一块区域。

景观设计中各元素之间的整体规划都有着复杂的组合、穿插关系，但在设计时有一条清晰的骨架线与轴线，则会使复杂的场地具有条理性。在景观设计总体布局的总平面图上应显示出一条明确的骨架线。在规则式的布局中，骨架线往往成为中轴线或平行轴线，如水平与垂直交叉轴线或规则的放射轴线；在较活泼自由的布局中，则形成不太规则的骨架线，如直线、曲线、折线以及它们的复合与变幻的形态。骨架线与轴线能够表现出秩序美，即对称的秩序与均衡的秩序。

节点与标志往往呈现主要的使用功能或主题，是设计的高潮，也是视线控制的焦点。节点往往出现在道路相互交叉处，节点处的标志特别引人注意。当行人在此地路过时会根据标志做出行为选择，若是设立一些独特的雕塑和标志性建筑在入口、道路交叉口、交通枢纽等重要位置，则会更加引起行人的注意，增强方向性。若是将标志成组出现，无论在视觉上或方向感上，标志群在整体环境中有着较强的指向作用。

可见，节点与标志将使景观布局出现高潮，没有高潮的景观最终给人的印象只能是平淡乏味。有了节点与标志随之必然要分布与之相适应的陪衬，以产生主次对比、强弱对比，形成对标志、节点的强化。在不同的园区内有时会形成一个或者多个标志与节点，但在众多节点中，分清主次、明确强弱是至关重要的。

规划场地总是按照功能的不同或者景观的不同等划分成若干个区域，这就是常常提到的"面"的层面，场地中不同区域要在统一的基础上，各自具有独立的可识别特征，这样可以形成场地的整体感，且各部分都具有特色。想要达到这种效果，往往会使用格式塔组织原则，这种原则可以使空间的整体布局、质感、色彩、造型等特征更加合理，使空间形成整体感的同时，更加吸引人的关注。

景观平面布局在具体的实施过程中需要设计者具备多维度视角，不能仅限于二维平面的角度考虑，要从空间、立体、时间等维度去考量，形成点、线、面、体多种视觉效果。当然，景观的视觉效果不是一个视角就能确定的，往往会根据视角的变换获得不同的视觉效果。例如登高俯瞰、低处仰视、由宽阔转向狭小空间等都是在平面布局中要深入感受的，并相对应地使用不同的布局手法。当视线面对开阔景致时，应减少视线中松散的点状景观数量，如石雕、亭子、小型建筑、孤植树木等，过多的点状景观分布在开阔的场景会显得画面杂乱无章；当视线处于狭长的空间中，如廊桥、林间小路、山路时，要注意道路作为线状景观要素，应当时隐时现、曲直有致，避免画面过于单调；当面对体量较大的面状景观要素如主体建筑、建筑群、假山时，应注意起伏变化以及一些无规律的形变，使画面生动富有韵味；草坪的处理手法也要注意各元素的搭配与变换，配以灌木和景石等。景观平面的总体布局犹如高级的将领，对军队以及兵法有着高度的了解，在风云变幻中运筹帷幄、掌控全局。

3.4.2 节点序列

人们沿着道路由一个节点空间进入另一个节点空间从而产生不同的空间感受和动观效果。因此，多个节点同时出现并连接在一起，势必将会产生顺序排列的先后问题，这种影响到景观园区整体结构与布局的节点空间顺序被称为"节点序列"。节点的安排布局并不是随机的、无目的性的，而是具备引导人的视线及动线的作用。只有了解游览者的行为习惯、兼顾主要人流路线与次要人流路线，作出相应的节点安排加以引导，才能使游览者无论位于哪一条游览路径都能身临其境，感受到园区完整系统的游览画面以及设计主题，最终形成深刻印象与感悟。

1. 节点序列的四个阶段

节点序列一般分为四个阶段，即开始阶段、过渡阶段、高潮阶段和结束阶段。

开始阶段作为拉开整个节点序列设计序幕的环节，其作用不容小觑，只有将开始阶段的序列空间设计得具有吸引力，才能为后续的阶段提供人源支持。

过渡阶段，顾名思义就是节点序列设计中的过渡环节，多起到引人入胜的作用，承接开始阶段的意蕴，铺垫、启示、期待和酝酿接下来的高潮阶段，调动起游览者的好奇心与探寻情绪。

高潮阶段是整个节点序列的核心，也是所有设计精华的凝结之处，在高潮阶段的节点中，游览者能够强烈地感受到环境带来的美好满足感，心绪激荡，身心的双重体验感受最佳。

结束阶段也就预示着节点序列进入尾声，这一阶段主要是将高潮阶段激动的情绪得以平复。优秀的结束设计可以更加凸显前期高潮阶段的震撼感受，使整个序列设计收获更好的展示效果，使游览者离开之后久久不能忘怀，恋恋不舍，余味悠长。

我国传统园林在空间节奏的处理手法上，一般采用从入口到出口有韵律地进行收放。入口多以收的方式，以形成"初极狭"，由入口深入园内，经过障景后眼前"豁然开朗"的视觉效果，再由较开阔的环境进入狭窄的空间，视线再次收缩，在其中回转是为下一次的放的景致做铺垫，最后结尾归为恬静的收空间。具体的收放节奏在不同体量的园林中会有不同的表现，但共同的特点是在收的时候多做变化，置入巧思，使空间收而不死、变幻莫测，在放时置入主景，突出主题，进入高潮。这种空间上的构思与变化会使游览者在游园时不知不觉就融入这种韵律节奏中。

北京植物园从主入口进入以后先看到的第一处空间是一块置石为主景形成的开始阶段，走过大约200米进入第二处空间，大型钢铁形成的雕塑为中心的花坛，这是转折阶段，在大概相距50米的地方有跌水形成的下沉广场，鲜艳的花台、喧闹的旱喷、大气的尺度都使人们感受到空间的热烈与兴奋，这正是高潮部分，走上台阶之后来到平台，展现在眼前的是绵延的山脉和蜿蜒的河流，给人以平静之感，这就是序列的结束部分（图3-4-1～图3-4-4）。

图 3-4-1　北京植物园①

图 3-4-2　北京植物园②

图 3-4-3　　　　　　　　　　　　　　　　图 3-4-4
北京植物园③　　　　　　　　　　　　　北京植物园④

2. 节点序列的两种类型

结合功能、地形、人流活动特点，节点序列一般有两种类型：第一，沿着轴线方式展开，可以沿着一条纵轴线或横轴线展开，也可以沿着纵轴线和横轴线同时展开；第二，以迂回、循环形式展开。

轴线对称的景观布局形式对应的空间序列是沿着轴线方式展开的，规整式布局的景观设计属于这个类型，我国传统的宫殿寺院多是轴线（主路）对称的规整式布局，其空间序列就是沿着轴线的方向展开，符合这一特点的典型例子就是北京的故宫（图 3-4-5）。故宫体量巨大，但其内部空间序列在富有变化的同时也都围绕着某一主题进行，因此，许多空间能够被规整到同一个完整有序的序列之内。

迂回、循环的空间序列组织形式适用于一些既不符合对称，又没有明确轴线引导关系的空间。这种空间序列主要通过空间的组合，使空间形成特定的几条游览路线，在这些游览路线中，游览者选择任意路线进行观赏都能欣赏到完整的空间序列，并且感受到空间序列的四个阶段，即开始、过渡、高潮、结束，获得较好的空间游览体验。

留园（图 3-4-6）也有多种多样的观赏路线可供选择，并且无论沿着哪一条路线来观赏，都能借大小、疏密、开合等的对比与变化而感受到其具有的抑扬顿挫节奏感。例如：入园后先进入一段封闭狭小空间，此时人的视线极度收束；至古木交柯处路分两头，可西可东，借助空间的指引舍东而西，到达开敞

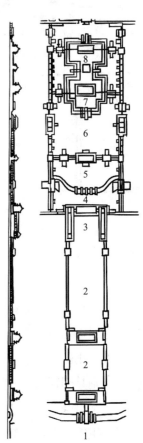

图 3-4-5　北京故宫平面图

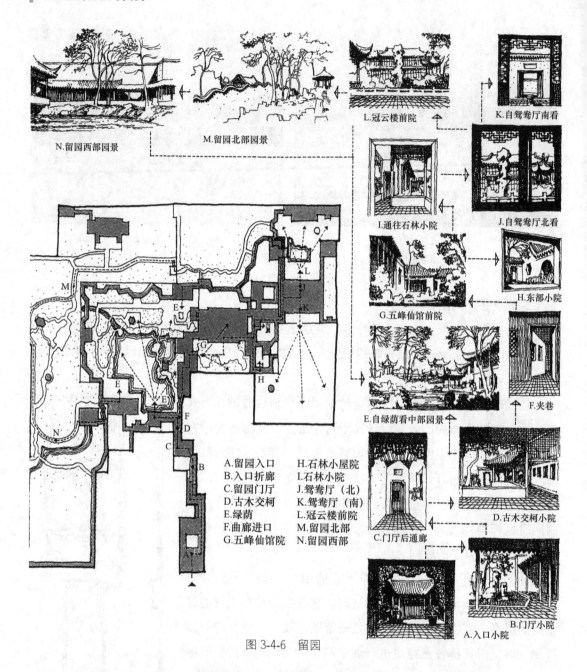

N.留园西部园景

M.留园北部园景

L.冠云楼前院

K.自鸳鸯厅南看

I.通往石林小院

J.自鸳鸯厅北看

H.东部小院

G.五峰仙馆前院

F.夹巷

E.自绿荫看中部园景

D.古木交柯小院

C.门厅后通廊

B.门厅小院

A.入口小院

A.留园入口　　H.石林小屋院
B.入口折廊　　I.石林小院
C.留园门厅　　J.鸳鸯厅（北）
D.古木交柯　　K.鸳鸯厅（南）
E.绿荫　　　　L.冠云楼前院
F.曲廊进口　　M.留园北部
G.五峰仙馆院　N.留园西部

图 3-4-6　留园

的绿荫，精神为之振奋，从这里环顾中部景区，则会被曲奚谷楼、西楼所吸引，再自西而东地返回古木交柯，再经过一段窄巷来到五峰仙馆前院，再次感受空间的收放变化；向东穿过石林小院等小空间，视野再一次收束，通过林泉耆硕之馆（鸳鸯厅）后，空间再次扩大，特别是到冠云楼前院，景观变化尤为丰富；至此，经曲廊向西既可直接返回园的中部景区，又可绕过园的北部景区而到达园的西部景区，但无论沿哪一条路线都必然要经过一段景观组织得较稀疏的空间，使视觉处于松弛状态；待回到中部景区，情绪再度兴奋，至此完成了一个循环。

现代景观设计中除了规整式布局以外，大多数的布局采用迂回、循环的形式组织空间序列。

3.5 景观设计视线

景观设计中处理景物和空间的关系，常用的方法就是视线分析。通过分析游览者的心理与视觉规律，引导游览者的视线，从而制造预想的艺术效果。

3.5.1 最宜视距

正常人在距离景物 30～50 米时能观赏到景物细节，在距离景物 250～270 米时能分清景物类型，在距离景物 500 米时能看清景物轮廓，而距离景物 1200～2000 米时虽能发现景物，但已经失去了最佳的观赏效果。而更远的距离例如眺望远山、遥望太空则是结合联想畅想的综合感受了。在造景中利用人的视觉距离特点，可以达到事半功倍的效果。

3.5.2 最佳视域

按照人的视网膜鉴别率，最佳垂直视角为小于 30°（景物高度的 2 倍），水平视角小于 45°（宽度的 1.2 倍），在这个范围内进行景观造景会取得最佳效果。但是，人在游览过程中，视线不会只限定在某一点，而是会动态变化的。因此，景物观赏的最佳视点有三个位置，即垂直视角为 18°（景物高的 3 倍距离）、27°（景物高的 2 倍距离）、45°（景物高的 1 倍距离）。如果是纪念雕塑，则可以在上述三个视点距离位置为游人创造较开阔平坦的休息场地（图 3-5-1）。

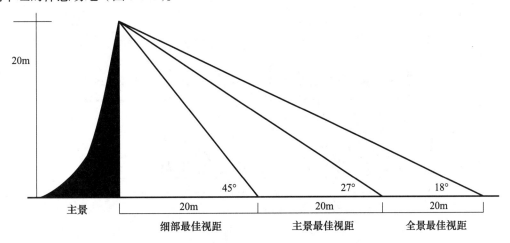

图 3-5-1　最佳视点

3.5.3 三远视景

景观造景中，除了一般的静物对视，还可以借鉴中国画画论中的"三远法"理论，创造更多的视景，用以满足游览者的需要。

仰视高远：以 90° 为界限，当视景仰角 > 90° 时，会产生压迫感，而 < 90° 时，则会依照角度由小及大分别产生高大感、宏伟感、崇高感和威严感。这种仰视视角的造景手法多运用于我国的皇家园林之中，用以凸显皇权的神圣；在园林中建造假山也是为了以小见大，营造意境。例如在北京颐和园中，自德辉殿处看佛香阁，会产生 62° 的视线仰角，使建筑更加宏伟，同时观赏者产生自我渺小的感受。

俯视深远：常会利用地形或者人工制造高地，使人可以攀登远眺，满足游览者居高临下的游览兴致。不同的俯视角度也会产生不同的体验感受，当俯视角 < 45° 时，视线主体会产生深远感受，俯视角越小，则凌空感越强，当 < 10° 时，则产生欲缀危机感。

中视平远：以视平线为中心的 30° 夹角视场，可向远方平视。平视景观能够带来宁静广阔的感受，创造平视景观多会采用大面积的水面、草坪，并提供对应的能够平视远望的观赏点，将远处的天景、云景、山景、建筑都收入景色中，构成完整的画面。

3.5.4 静态空间尺度规律

多个风景界面可以组成风景空间，界面直接也会相互作用，从而给游客带来不同的观赏体验与感受。

例如在低矮空旷的位置进行景观造景和植物种植，最好的景观效果是其景物的高度 H 和底面 D 的关系在 $1:3 \sim 1:6$ 之间（图 3-5-2）。

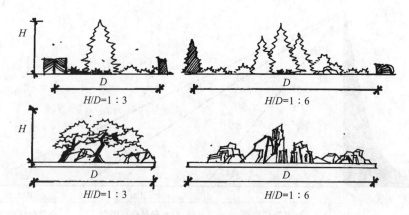

图 3-5-2　高度与底面的关系

当人的视距 D 与四周的景物高 H 的关系为：D/H=1 时，视角 α=45° 时，给人以室内封闭感。D/H=2 ～ 3 时，α=18° ～ 26°，给人以庭院亲切感。D/H=4 ～ 8 时，α=6° ～ 5.5°，给人以空旷开阔感（图 3-5-3）。

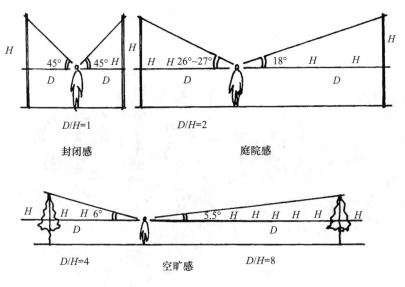

图 3-5-3　视距与景物的关系

3.6　景观设计造景

3.6.1　主景

在景观空间里，主景最能够体现景观主题和功能，往往是视线的焦点，吸引着人们的注意，是空间布局中的重点景物。处理好主配景关系，就取得了提纲挈领的效果。例如泰安九女峰《故乡的月》（图 3-6-1），南京市溧水区无想山国家森林公园入口装置（图 3-6-2），临沂沂南柿子岭入口空间（图 3-6-3）均可称为主景。

突出主景的方法有：

1. 主体升高

将主体抬高可以使游览者的视线随之升高，使主景更加突出，且在仰视的视角下，可以将远处的蓝天、建筑、山体用作背景，凸显主景物的轮廓造型

图 3-6-1　泰安九女峰《故乡的月》

（图 3-6-4、图 3-6-5）。日本建筑师西泽立卫（Sanaa）与跨领域设计师 Nenedo 联手创作的京都造型艺术大学校区内名为 Roof And Mashrooms 的景观建筑也是主体升高的景观处理。屋顶既是屋顶又像一道"屏障"，依据地势倾斜，似向下流动的溪水，唤起游客漫步在山间茂盛树冠之下的感觉（图 3-6-6 ～图 3-6-8）。位于颐和园万寿山上的制高建筑佛香阁是颐和园布局的中心，也是颐和园的标志（图 3-6-9）。

图 3-6-2　公园入口空间

图 3-6-3　柿子岭入口空间

图 3-6-4　威海公园

图 3-6-5 石窝剧场

图 3-6-6 Roof And Mashrooms 景观建筑①

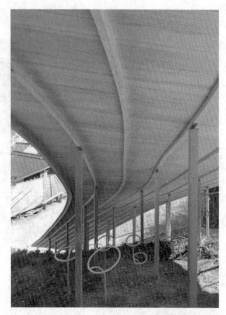
图 3-6-7　Roof And Mashrooms 景观建筑②

图 3-6-8　Roof And Mashrooms 景观建筑③

图 3-6-9　佛香阁

2. 运用轴线和风景视线的焦点

　　主景应布置于景观纵横轴线的交叉点、中轴线的终点、景观放射轴线的焦点、风景视线的焦点上，因为这些位置往往是视线集中的地方，也有较强的表现力。如印度新德里莫卧儿花园，又称总督花园（图 3-6-10 ～图 3-6-12）、德国柏林索尼中心景观的圆形水景（图 3-6-13 ～图 3-6-15）、济南泉城广场的莲花喷泉（图 3-6-16），均布置在景观轴线的终点或轴线相交点，成为此区的主景。

图 3-6-10 莫卧儿花园①

图 3-6-11 莫卧儿花园②

图 3-6-12 莫卧儿花园③

图 3-6-13 柏林索尼中心景观①

图 3-6-14 柏林索尼中心景观②

图 3-6-15 柏林索尼中心景观③

图 3-6-16　济南泉城广场

3. 动势向心

像水面、广场、庭院这类四周围合的空间，其周边的围合景色都具备向心的动态趋势，在中心产生视线焦点，这也是布置主景的绝佳位置。例如杭州西湖四周景物及群山环绕，造成视线向西湖中心集中，此时，湖中的孤山便成为了视线的焦点。意大利 Nember 广场（图 3-6-17、图 3-6-18），四周都是道路与建筑的围合，广场中大面积的绿化草坪使广场中心的白色活动区成为景观中的视线焦点。此工程基于将城市交通道路圈所剩余的荒废区域再次规划设计利用的理念，最后形成了市民休闲娱乐广场空间构图的中心。对于规则式的景观空间，将主景放置在空间构图的中心处也是很好的选择，而自然式构图的景观空间，可以将主景放置在自然重心上。主景的体量大、位置高，可以自然地吸引视线，而主景体量小、位置低的话，可以使周围环境与主景形成强烈对比，放置在适宜的位置，也可以起到突出主景的作用。例如在高树的中间建造小体量建筑，则建筑成为主景；在平坦开阔的湖面中心修建小岛，则小岛成为主景。由此可以看出，主景的设置要依托于完善的规划，利用好场地及环境的特点。例如，由建筑师阿齐姆孟格斯设计公司、奥利弗大卫克雷格和来自计算机设计机构（ICD）的斯蒂芬雷查特合作设计的气候响应动力学雕塑（图 3-6-19、图 3-6-20），坐落于一片草坪上，白色雕塑与周围绿色植物形成鲜明对比，此雕塑占据全局的重心，成为景观中的主景。图 3-6-21 ～图 3-6-23 中的主景均位于空间构图的中心。

图 3-6-17　意大利 Nember 广场①

图 3-6-18　意大利 Nember 广场②

图 3-6-19　气候响应动力学雕塑①

图 3-6-20　气候响应动力学雕塑②

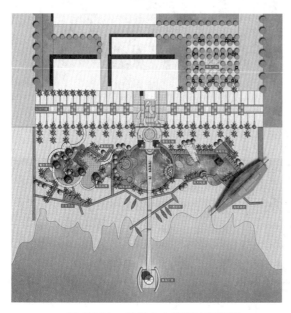

图 3-6-21　动势向心平面布局图①

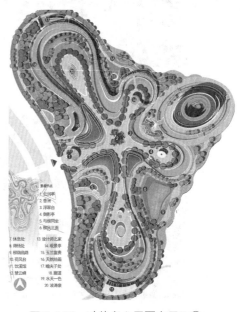

图 3-6-22　动势向心平面布局图②

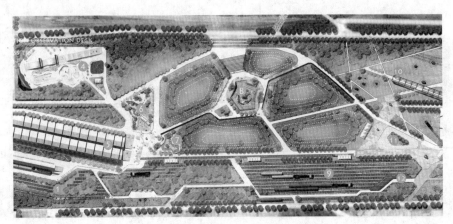

图 3-6-23　动势向心平面布局图③

4. 通过自身体量和色彩的对比突出主景

上海世纪大道的日晷雕塑突出，成为空间主景（图 3-6-24）；标志性的华盛顿纪念碑雕塑形体简约、高耸，为了更加突出纪念碑的尺度，周边环绕的座凳形式宽而矮小（图 3-6-25 ～图 3-6-27）。

图 3-6-24　日晷广场

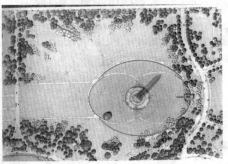

图 3-6-25　纪念碑空间①

图 3-6-26　纪念碑空间②

图 3-6-27　纪念碑空间③

　　全园的主景或者说主要布局中心往往是诸方法的综合。规整式布局设计通过轴线对称、主体升高、体量上的悬殊等方法以求得主从分明，对于自然式布局或抽象布局往往用空间的形式、大小、明暗对比等来突出主题。规则整体的空间与不规则的空间往往具有截然不同的氛围，二者之间就会形成强烈对比。典型的案例是北海的静心斋（图 3-6-28）。空间的入口处设置了规则的矩形水院，营造了严肃沉静的氛围，而进入后面的主景区，则是一个不规则形态的院落，院落中水池曲折、山石林立、建筑错落、树木葱郁，形成活泼生动的氛围，与前院形成鲜明对比。

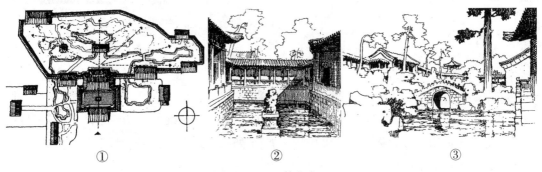

　　①　　　　　　　　②　　　　　　　　③

图 3-6-28　静心斋

　　无论是在我国古典园林中，还是在现代景观设计中，利用空间的形式、大小、明暗的对比都是突出主景非常重要的方法。苏州艺圃，首先经过两处不同方向的线性狭窄夹景空间，然后到达由建筑方形洞门和乳鱼亭柱子形成的渗透框景，走近，眼前豁然开朗，山水景观呈现于眼前（图 3-6-29～图 3-6-31）。欧洲某处现代景观同样经过一条狭窄封闭的线性空间，继而来到主要景观区——开阔的水面空间（图 3-6-32）。

图 3-6-29　苏州艺圃①

图 3-6-30　苏州艺圃②

图 3-6-31
苏州艺圃③

图 3-6-32 空间对比

3.6.2 对景

对景一般指位于景观轴线及风景视线端点的景物。对景既可以是规范严谨的正对称，也可以是趣味灵动的拟对称。对景多应用于较为单调的空间，如湖泊对面、草坪一角、广场焦点等，以丰富空间景致，还多用于具有导向性的空间，如入口对面、道路转折处、甬道两端等，起到引人入胜的作用。其包括两种形式。

1. 正对

正对是指布置于空间中轴线两端或以轴线作为对称轴布置的景点。这样布置的景点严谨且秩序感强，能够自然吸引视线，有时可以作为主景。如北京奥林匹克森林公园入口的景观石、济南泉城广场景观轴线上的泉标。美国莱克伍德公墓的教堂与中心水池形成正对之势。公墓陵园的氛围是静谧空旷的，建筑与平静的水池和树木形成了一方沉静的小天地，让当代的设计与历史在这里交织（图 3-6-33～图 3-6-36）。

图 3-6-33 美国莱克伍德公墓①

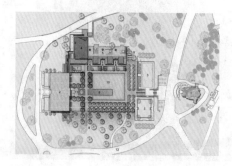

图 3-6-34 美国莱克伍德公墓②

图 3-6-35 美国莱克伍德公墓③

图 3-6-36 美国莱克伍德公墓④

2.互对

互对是在轴线或风景视线的两端设景，两景相对，互为对景。互对有自由、活泼、灵活、机动的美感。"相看两不厌"，是互为对景的特趣。常通过廊架形成对景视线（图 3-6-37、图 3-6-38）。威海范家村道路景观采用两侧建筑形成夹景，影壁墙与特色水景在对景中遥望彼此（图 3-6-39）；王道口广场设计中通过位置、体量和形态突出对景（图 3-6-40）。

图 3-6-37 通过廊架形成对景①

图 3-6-38 通过廊架形成对景②

图 3-6-39
威海范家村

图 3-6-40　王道口广场

3.6.3　借景

有意识地把景观范围外的景物"借"到景观内可透视、可感受的范围中来，称为借景。对于借景的要求主要有两点——"精"和"巧"。借到的景色不能与环境相分离，而是要与环境相融合，达到内外呼应的协调局面。借景能够从视觉上扩大空间面积，丰富园区景色，借景可以按照景距离、时间、角度等进行分类，可分为远借、近借、仰借、俯借、应时而借。如五垒岛国家湿地公园将借景的特色完美发挥，有效借用构筑物延伸之感和玻璃镜面的映射，将阻挡视线的障碍物去除，美丽景色被牵引至游人视线范围之内，此手法有效将景物的深度、广度放大，突破已有的观赏视线，收无限于有限之中（图 3-6-41）；特罗斯蒂戈山道是挪威国家旅游线之一，观景台设置在地势高处，借自然高山的壮观震撼景色，把自然与人工景观巧妙结合（图 3-6-42～图 3-6-44）。

图 3-6-41　借景

图 3-6-42　特罗斯蒂戈山道①

图 3-6-43　特罗斯蒂戈山道②

图 3-6-44　特罗斯蒂戈山道③

3.6.4　障景

图 3-6-45　隔景墙

障景是指在景观中抑制游人视线的景物，避免游人对景物"一览无余"，是"欲扬先抑""俗则屏之"的具体体现。在层叠的山石，抑或繁茂的树丛间，将精彩的景观藏匿其中。避免开门见山，一览无遗，把"景"部分地遮挡起来，而使其忽隐忽现，若有若无。障景不仅能隐藏精彩的景致，还可以隐藏稍有不足的景致。障景既有远近之分，同时还可以自成一景。如道路两侧的隔景墙（图 3-6-45）、住宅小区入口的景墙设置（图 3-6-46）、桥体空间绿化（图 3-6-47），奥运村在南北四个大门的设计上也使用了障景的造园手法，将美丽的园区景色分别用体现彩陶文化、青铜文化、漆文化、玉文化的叠水影壁遮挡，取得欲扬先抑的景观效果。

图 3-6-46　入口的景墙

图 3-6-47　桥体空间绿化

3.6.5　隔景

隔景是将整个园区中的景色进行分隔，从而最大程度地保留各部分的特色，使各部分景色不会相互干扰，为游客的喜好提供多种选择。隔景对于园景而言，可使园区景中有景，园中有园，虚实对比丰富，空间变化多样。隔景用不同的物体分割可产生两种分景形式。以房屋、墙体、叠石、树丛分割，游人视线被实体景物所阻挡，称之为实隔。这处空间由红色墙体划分，产生不同空间氛围：一侧开敞水景，一侧绿荫植被，同时通过门洞使两个空间相通（图 3-6-48）。虚隔是使用水体、疏林、小径、景廊、花架将景色分隔，使观景视线可从两个空间相互穿插，相互渗透。虚隔的例子比比皆是，这处水面与廊桥增加

图 3-6-48　实隔

了空间层次，丰富了视觉效果和游赏体验（图 3-6-49）。这处折形桥丰富了水面空间，且有了近景、中景与远景的景观层次（图 3-6-50）。木墙分割了两边的景色，却不遮挡视线，两边景色既各自有其特点又可相互贯穿（图 3-6-51）。稀疏树林既起到分割景观的作用，又可透景两侧的景观（图 3-6-52）。

图 3-6-49 虚隔①

图 3-6-50 虚隔②

图 3-6-51 虚隔③

图 3-6-52 虚隔④

3.6.6 框景与漏景

框景和漏景的造景手法可使空间相互融会、渗透。传统园林实墙开有大量门洞、窗口，利用门窗开辟景观视野，视线也可被门窗中的景色牵引，从而给人无穷无尽的观感体验。另外，打破的实墙使得整个空间由封闭变为流动，没有截然的分界线分隔，使得整个空间可以相互延伸，形成自由灵动的流通空间，景色在空间中如同涓涓细流缓缓流淌。在造景时合理运用门框、窗框、树框、山洞、小品将景观汇聚到框内，使景观犹如一幅美妙的画作，此手法称之为框景。乡村空间更新设计尤其注重框景的使用（图 3-6-53）。漏景由框景发展而来，框景可观全景，漏景则若隐若现，营造丰富的空间层次。漏景可以用漏窗、漏墙、漏屏风、疏

图 3-6-53 框景

林等手法。安铸凤厚里公园设计使用框景和漏景相结合的方式，创造丰富的观景效果（图 3-6-54、图 3-6-55）；淄博周村天樾壹号小区采用现代景墙与中式园林的漏墙相结合，配以竹林，既丰富了景观层次，又使空间内涵丰富、典雅秀丽（图 3-6-56）；济南钢铁公园采用圆形作为框景样式，在侧面和上方开设，通过竖向排列木柱形成移步异景的漏景效果（图 3-6-57）。

图 3-6-54 安铸凤厚里公园①

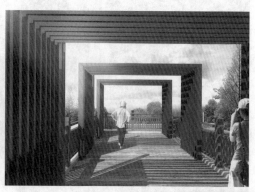

图 3-6-55 安铸凤厚里公园②

图 3-6-56　周村天樾壹号　　　　　　　　图 3-6-57　济南钢铁公园

　　深圳翠竹公园（图 3-6-58～图 3-6-61）通过廊子形成的隔景、框景、漏景变化形成设计的主体。翠竹公园基地为不规则形状，南北方向高差达 13 米。园内依照原始挡土墙的走势设置开放式折线形长廊，曲折延伸向山顶，直到与公园的另一入口相接。折线形廊架与墙体围合形成大大小小的三角形状空间，将园区东侧的边界进行了新的界定。不规则空间栽植竹、花、树，形成了无数优美画卷，游人漫步于此，可以感受到移步异景的空间氛围。

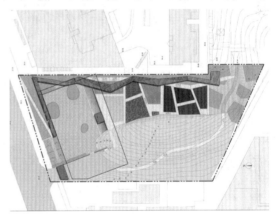

图 3-6-58　深圳翠竹公园①

　　与山体一同向上延伸的景观长廊将坡地分割，形成若干形式各异的台地空间，台地空间内可种植花、草、农作物等，使周围住户和孩童在体验种植乐趣的同时，极大程度地参与到社区环境的构创及维护中。在翠竹公

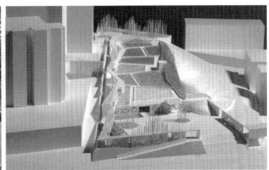

图 3-6-59　深圳翠竹公园②

图 3-6-60　深圳翠竹公园③

图 3-6-61
深圳翠竹公园④

园中，人们可以在大城市中找到回归田野的乐趣，感受现代中国园林的风采，也见证着原始生态的向上衍生。

④ 景观材料方法

目前，景观设计学中的素材被广泛应用在多种实践中，这种素材增加了具有时代感的新材料如玻璃、钢铁、混凝土（彩色）、塑料等，新材料的应用使设计具有现代的情感属性。

1. 传统形式与材料的结合

如何既创造传统的氛围，又要有现代感呢？传统的形式和新材料的结合是个不错的办法。贝聿铭设计的卢浮宫院内的玻璃金字塔就是很好的例子（图 4-0-1 ～图 4-0-3），形式选用最古老的金字塔，材料选择现代的玻璃和钢铁，布局采用三角形划分空间，重复出现不同体量的金字塔，既统一又不单调。

图 4-0-1　卢浮宫①　　　　　　　图 4-0-2　卢浮宫②　　　　　　　图 4-0-3　卢浮宫③

2. 赋传统材料以新的形式

传统造景要素如植物、山石、水体、道路、砖、木头、瓦等在原来的设计方法应用上又有了新的形式，脱离了这些材料原初的组合造景方式。

土所堆成的地形往往用植物和山石覆盖，这处地形覆盖物却是常常用于市政道路铺装的混凝土，只不过在这里采用的是普通混凝土的"升级版"——彩色混凝土。地形因其多变的空间形态和丰富的行走攀爬体验成为人们喜爱的空间（图 4-0-4）。

水一般存在于水池中或结合石景形成跌水瀑布，这处水景是结合廊架形成，休憩的同时感受水带来的多种体验（图 4-0-5）。水的形态除了平静的水和流动的水还可以从石缝中以雾的形式出现（图 4-0-6）。

图 4-0-4　彩色混凝土　　　　　　　　　图 4-0-5　跌水瀑布

图 4-0-6　水雾

　　在传统园林中卵石和石块作为花街铺地的材料被应用得最为广泛，而在现代景观设计中，卵石也可作为墙体构造空间（图 4-0-7、图 4-0-8）。

　　现代景观设计中的铺装具有功能性、美观性和主题性的意义。

　　首先在功能方面，铺装的路面具有耐磨、坚硬、防滑的特点，并具有观赏和舒适性。灵活运用铺装的材质和色彩图案，可以有效界定空间的范围，为人们提供观赏、活动、休憩等多种空间环境，也可起到引导方向的作用。

　　其次是美观性。利用不同的色彩、纹理、质地的材料的组合，可以表现出不同的风格和意义，丰富多变的铺装形式增加了人的感官体验（图 4-0-9）。

图 4-0-7
墙体景观①

图 4-0-8　墙体景观②

图 4-0-9　铺装图

　　最后通过铺装表达主题。加拿大理工大学的设计就是利用铺装形式展现主题。设计师运用黄金分割作为主设计要素，黄金分割来源于数学术语，表示一个点向外无限螺旋旋转。自然质朴的广场形如加州，代表了加州的五个地区：中央谷地、沿海地区、寒拉斯以及南北加州。在广场中心，金三角代表加州的中心和工程学院的核心，这里的螺旋代表不断向外延伸的知识，它们联系周围建筑，为加州宣言（图 4-0-10、图 4-0-11）。

　　3. 设计形式元素融入设计材料

　　将光影、色彩、声音、质感、动态形式等元素融入传统造景要素上，给人视觉上的综合体验。这处墙体采用柔美曲线和鲜艳色彩创造年轻活力的空间（图 4-0-12）。常利用规则式和自由式相互结合成新的形式。规则式常用有序的同心圆和规整的方格等形式相组合，同心圆可以给人稳定而活泼的向心感，而自由式给人开放、活跃、空间丰富的感觉。

　　光影作为景观艺术的重要设计要素，处处发挥着不可替代的作用，光分为自然光和人工照明，光造成影，有自己的倒影、投影和投射在周围物体上的映射之影。光影可以刻画造型，烘托空间氛围，提供独特的视觉体验。光影作为一种艺术表达，逐渐成为景观造型艺术创作中独立的设计要素。

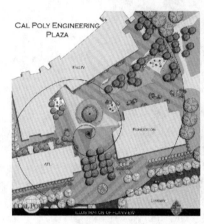
图 4-0-10
加拿大理工大学①

图 4-0-11
加拿大理工大学②

图 4-0-12
形式元素

　　光对于景观设计而言异常重要，光可以为景观创造丰富的色彩。葡萄牙总统博物馆花园的照明景观装置将原本封闭、传统的花园引入人们的视线，红色弯曲的 LED 灯管弯曲成当地常见拱门造型，人们穿行在其中形成独特的光影体验，影子随着地球公转一直在不停变化，光影也可以反映天气的变化，强烈的影子可以让人感到阳光明媚，微弱的光影可以让人感到阴沉多云，光影可以打破空间的深度，创造出虚空间来界定空间的轮廓，可以起到导向作用形成视觉中心和空间序列（图 4-0-13）。澳大利亚本土景观的金属钢板上镂刻出桉树叶的形状，错落有致，每一块竖立的钢板都依照桉树朝向太阳的方式，影子投影在沙地上，形成独特的光影体验（图 4-0-14）。苏州新博物馆采用大量的落地窗和空窗框景吸纳自然光线照入室内，更独特的是在走廊建筑中借鉴传统老虎天窗的做法，自然光线经过色调柔和的遮光条的调节和过滤产生不同的光影效果（图 4-0-15）。马岩松设计的胡同泡泡 218 号项目，外部都采用了反光材料——它不仅仅是映射，当你在外部注视它时，周围的天地被扭曲和重塑了，老房子、新房子、树木融合在一起变成新环境。这么一个小的泡泡，像是角落里长出来的东西，却展现出对传统生活的对接，对环境与自然的尊重，从而更新社区生活条件，激活邻里关系（图 4-0-16）。

图 4-0-13 光的导向作用　　　　　图 4-0-14 错落的光影

图 4-0-15 苏州新博物馆

图 4-0-16 胡同泡泡

4. 地方材料与丰产景观

在造景要素的应用上还有一个显著特点：重视地方材料的使用，这样不仅降低造价，还能体现地域特色。另外提倡丰产景观（图 4-0-17、图 4-0-18），景观与生产相互结合，丰产景观集审美价值和生产性为一体，农田与城市相互渗透，既可以改善城市生态环境，也为城市居民提供了健康的食物，集观赏、健康和实用性为一体，在一定层面上印证了丰产景观的必然性。在倡导低碳生活的大背景下，大力发展城市农业，回归丰产景观的自然属性非常重要。

图 4-0-17　丰产景观①　　　　　　　　　　图 4-0-18　丰产景观②

4.1　地形景观设计

地形是构成整个景观空间的骨架，是诸要素的基地和依托，地形布置的合理性会直接影响到其他要素的设计。在平面图中常以平滑的等高线来表示（图 4-1-1）。

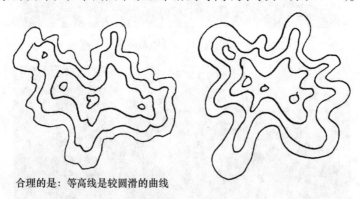

合理的是：等高线是较圆滑的曲线

图 4-1-1　地形景观设计

4.1.1　地形的分类

景观环境中的地形可以分为平地形、凸地形和凹地形三种形式。

（1）平地形

平地形是用地比例最高的一类，具有平衡和踏实的感觉，是人们日常生活的理想场所，这也是为什么我们总要在斜坡地形上修筑平台创造出水平场地的原因。

水平地形自身不能形成空间，需要与其他要素组合形成不同的空间（图 4-1-2）。

水平地形可以为其他要素和形体提供背景和基底的作用，而且容易突出垂直形体景观，与水平形体的景观相协调（图 4-1-3、图 4-1-4）。

水平地形自身不能形成私密的空间限制

所限制的空间

空间和私密性的建立必须依靠地形的变化和其他因素的帮助

图 4-1-2　平地形①

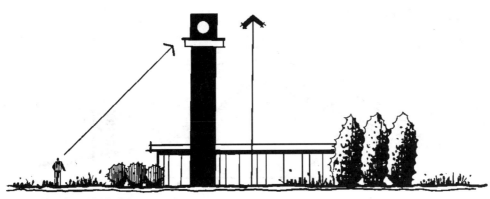

垂直形状与水平地形的对比

图 4-1-3　平地形②

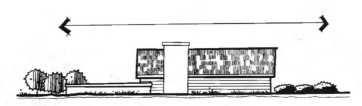

水平地形与水平地形协调性

图 4-1-4　平地形③

（2）凸地形

凸地形是除了平地形外用地比例较高的一类，凸地形的存在为人们带来多种不同的体验，登高望远、登高赏景、上山与下山的行走体验、不同角度的观赏视线（图 4-1-5），凸地形上的景点因其高度和形式，极易成为空间的标志景观。

凸地形还有调节小气候的作用，西北向的坡面可以阻止冬季寒冷的北风，而东南向的坡面则是舒适的空间，冬季免受寒风侵袭，享受阳光的温暖，夏季可感受凉爽的东南风（图 4-1-6）。

（3）凹地形

凹地形在本节中所指的是景观设计中的下沉广场，不包括水体的形式，下沉广场内向、封闭、私密、不受外界干扰（图 4-1-7）。

景观设计中，几乎没有以面状形式出现的凹地形，因为凹地形视线封闭，空间被分割成孤立的空间，不适合人们的使用和观赏，凹地形设计常以面积较小的形式出现，而大面积的凹地形常出现在自然风景区中，比如济南南部的连绵起伏的山体。

凸地形提供了视野的外向性

图 4-1-5　凸地形①

凹的东西向边可防御冬季风的侵袭

图 4-1-6　凸地形②

地形的边封闭了视线，造成孤立感知私密感

图 4-1-7　凹地形

4.1.2 地形的坡度与设计

在地形设计中，坡度与人类活动、坡面稳定、地表排水密不可分，我们以景观基础、人类视线以及活动轨迹作为切入点对不同地形空间类型的坡度进行深入研究。

（1）平地（坡度在 3% 以下）

在相对平整且具有一定坡度的地面上，为了在提高景观效果的同时避免水土流失，同一坡度的地面不能将其延续过长，必须要有微微起伏或将其设计成多面坡，并考虑植被和地面铺装以及排水要求作出坡度调整。

用于种植的平地，例如游人通常散步的草坪坡度可以大一些，介于 1% ～ 3% 之间，可以迅速排水，有效安排各项集体活动。

广场、平台以及建造构筑物的平地等坡度宜在 0.3% ～ 1.0% 之间，由于坡度较低，排水坡应尽可能地考虑多向，以加快地表排水速度。

（2）缓坡地地形（坡度范围 3% ～ 10%）

人行走在其上有如履平地之感，视线开敞，空间延续。适用于不同年龄段的人群，可供人进入开展各种不同的活动。

（3）中坡地地形（坡度范围 10% ～ 20%）

人可站立行走，基本无不舒适感；视线开敞，有稍微的空间分割感。一般在建筑区域人们需要根据需求增设台阶，并且在地形影响下，建筑群分布有限，不宜出现与等高线相互垂直的通车道路。坡道过长时，应考虑与平台或台阶互相转换交替，增加竖向变化和舒适性。可设小面积的活动场地。

（4）陡坡地地形（坡度范围 20% ～ 50%）

坡度在 50%（1∶2.5）～ 20%（1∶4）时，可用植物材料护坡，人可以站立，但不舒适，感觉吃力，有滚落的危险，视线受阻挡，强烈的空间分隔。不宜设置停留的活动场所，可以设置台阶游步道。建筑区域会受到更大限制，道路一般与等高线呈斜交状态。陡坡多位于山地区域，作活动场所比较困难，一般多应用于种植。（25% ～ 30% 的坡度可种植草皮，25% ～ 50% 的坡度可种植树木）。

（5）急坡地地形（坡度范围 50% ～ 100%）

是土壤自然安息角的极值范围。需要做硬质材料护坡，人难以站立平衡；不宜设置停留的活动场所，不宜设置台阶游步道，视线封闭，强烈的空间分隔，形成空间围合。地形多位于土石结合的山地，道路一般需曲折盘旋而上，梯道需与等高线成斜角布置，建筑需作特殊处理。

（6）悬崖、陡坎（坡度 100%）

已超出土壤的自然安息角。这种地形多位于土石和石山中，在种植方面，需要修树池、挖鱼鳞坑等特殊措施来控制水土流失和涵养水分，工程投资量大，并且在此设置道路及梯道均困难。

地表单元陡缓的程度被称作坡度，通常指坡面上水平方向与垂直高度的比。坡度并非越小越好，因为不利于排水和景观的丰富，坡度也并非越大越好，因为坡度超过土壤安息角，就会滑坡，而且人们站立活动舒适感差，必须护坡固土。所以坡度依据场地功能、现状条件、设计内容等综合因素来决定。土壤安息角是土壤的自然倾斜度，是土壤通过长时间自然堆积在一起形成的平稳的、相同坡度的土体层面（土壤的自然倾斜面）与水平面的夹角，也被称作土壤自然倾斜角。土壤安息角受土壤含水量影响，没有具体的数值。在工程设计中，为了保持工程稳定，必须参考土壤安息角所提供的坡度数值。表 4-1-1 列出了极限和常用的坡度范围。

表 4-1-1 极限和常用坡度

内容	极限坡度（%）	常用坡度（%）	内容	极限坡度（%）	常用坡度（%）
主要道路	0.5～10	1～8	停车场地	0.5～8	1～5
次要道路	0.5～20	1～12	运动场地	0.5～2	0.5～1.5
服务车道	0.5～15	1～10	游戏场地	1～5	2～3
边道	0.5～12	1～8	平台和广场	0.5～3	1～2
入口道路	0.5～8	1～4	铺装明沟	0.25～100	1～50
步行坡道	≤12	≤8	自然排水沟	0.5～15	2～10
停车坡道	≤20	≤15	铺草坡面	≤50	≤33
台阶	25～50	33～50	种植坡面	≤100	≤50

注：1. 铺草与种植坡面的坡度取决于土壤类型；

2. 需要修整的草地，以 25% 的坡度为好；

3. 当表面材料滞水能力较小时，坡度的下限可酌情下降；

4. 最大坡度还应考虑当地的气候条件，较寒冷的地区、雨雪较多的地区，坡度上限应相应地降低；

5. 在使用中还应考虑当地的实际情况和有关的标准。

4.1.3 地形的使用特性与设计

1. 骨架

地形是构成景观的基本骨架，规则式场地地形具有明显的轴线空间特点，台地所形成的平台具有不同的标高，景物的抬升和布置需要较大的人工处理。在意大利台地园中，各种动态的水景是根据山体走势营建而来的。著名的兰台庄园水台阶就是利用自然起伏的地形建造的。而自然式地形相对复杂，地形既要符合真山的意趣，又要为自然错落的建筑、植物、落水等景观提供依托（图 4-1-8）；北海濠濮间一组建筑便是依山而建，曲尺形的爬山廊使视线无论是在水平方向还是在垂直方向都有丰富的变化，建筑整体依据山形走势错落有致，立面十分丰富（图 4-1-9）。

地形作为植物景观的依托，地形的起伏产生了视线的变化

地形作为园林建筑的依托，能形成起伏跌宕的建筑立面和丰富的视线变化

地形作为纪念性内容气氛渲染手段

图 4-1-8　地形的作用

图 4-1-9　北海濠濮间

2. 分隔空间

景观空间类型有开敞空间、半开敞空间、私密空间等，通过地形设计在一定程度上可以实现任一种空间类型，设计师可以通过天际线、坡度大小、谷底的面积三个因素制造各种空间形式：从小的围合空间到大的公共空间，从灵动的线性空间到恬静的下沉空间（图 4-1-10）。

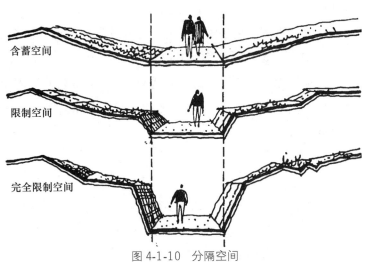

含蓄空间

限制空间

完全限制空间

图 4-1-10　分隔空间

3. 控制视线

凸地形视线开阔、发散，既是观景之地，也是造景之地。凹地形视线封闭积聚，下沉

空间的低凹处和坡面都可以布置景物以供观赏（图 4-1-11）。

图 4-1-11 地形控制视线①

通过地形可以阻挡视线，也可引导视线，安排令人意想不到的景观（图 4-1-12）。

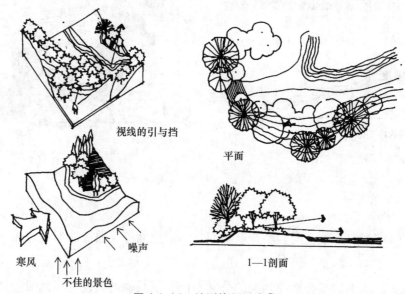

图 4-1-12 地形控制视线②

4.影响路线和速度

　　垂直等高线的道路是两点间距离最短的，但是行走最费力。平行于等高线的道路是两点间的距离最长的，但是行走最舒适（图 4-1-13）。在地形上安排道路时，可以顺着等高线的方向安排道路，增加游览长度，可以使人舒适地行走，且欣赏到不同角度的风景（图 4-1-14）。如果长时间在一个坡度上行走会单调无趣，行走在不同坡度的地形上会增加丰富的行走体验（图 4-1-15）。

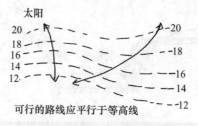

图 4-1-13 地形对线路和速度的影响

图 4-1-14 地形对线路的影响

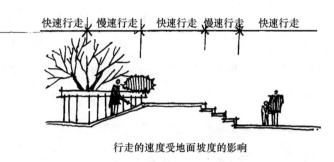

行走的速度受地面坡度的影响

图 4-1-15 地形对速度的影响

4.1.4 地形的美学特性与设计

土壤具有特殊性，可利用不同的外力塑造成具有特性、美学价值的实体或虚体。借助岩石与水泥可以使地形具有清晰的边界和平坦广阔的形态，可组合成多种不同形状，在阳光和气候的加持下使不同的形状产生不同的视觉效果。

20世纪中叶，地形自身的造景作用在景观设计师的设计中变得更为突出，逐步成为具有决定性作用的造景设计。地形造景强调地形本身的景观作用，利用点状地形增强场所感，用线状地形创造绵延不断的空间感，并将地形的起伏变化合理运用到小场地之中（图 4-1-16）。

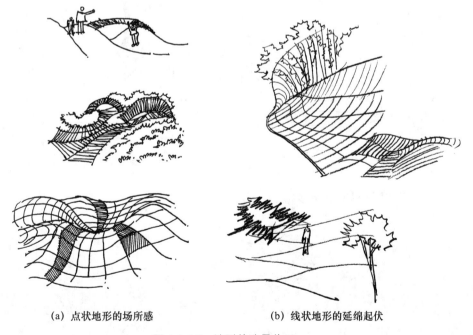

(a) 点状地形的场所感　　　　(b) 线状地形的延绵起伏

图 4-1-16 地形的造景作用

　　微地形＋绿植＋彩铺是景观设计中常出现的一种形式（图 4-1-17）。微地形是指在景观中一些人为创造的，坡度在 10% ～ 25%，高度在 1 ～ 3m 之间变化的较平缓的微小丘陵地形。用鲜艳的曲线道路装饰微地形。以彩色沥青为主要材料，在微地形的表面覆盖饱和度极高的色彩，使其呈现动态的圆滑曲线形式，与微地形的自然曲线相协调。

图 4-1-17　设计形式

　　将地形以圆（棱）锥、圆（棱）台、半圆环体等规则的几何形体或相对自然的曲面体进行塑造形成别具一格的景象（图 4-1-18 ～图 4-1-21）。

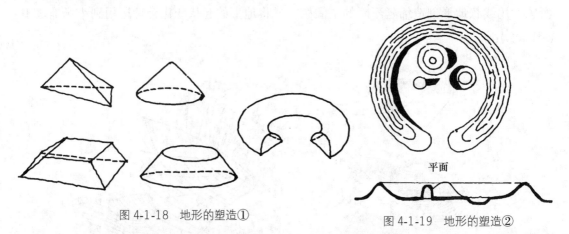

图 4-1-18　地形的塑造①　　　　　　　　　图 4-1-19　地形的塑造②

图 4-1-20　地形的塑造③　　　　　　　　图 4-1-21　地形的塑造④

　　济南高新区广场的设计将两侧地形设计为三棱锥的形体，覆以草坪和红色钢铁，其内部是可以容纳多人通行、活动的场地（图 4-1-22）。恩斯特·克莱默为 1959 年庭园博览会所设计的诗人园中，三棱锥体与圆锥台体相组合，打造出类似于抽象雕塑一样的形体，与自然景观产生鲜明的视觉对比（图 4-1-23）。此外，将地形与几何体造景结合的同时，加之使用功能的项目，如美国加州济杉矶艺术公司中就有一地形造景艺术作品，该作品在合理利用地形进行创作的基础上，设计出能容纳 2000 多人的巨型露天舞台（图 4-1-24）。艺术家南希·豪尔特还将地形造景与日月运行等天象结合，完成了一个巨大的大地艺术品"天象山"。豪尔特在设计师的帮助下将原为新泽两海肯沙克市的一处垃圾填埋场改造为一座公园，内设为人们提供游览休憩空间且与天象（例如冬至、春分等）有关的观察点，形成一处人工恢复的植物生态环境和鸟类栖息地（图 4-1-25）。

济南高新区齐鲁软件园中心广场景观设计

图 4-1-22　济南高新区广场

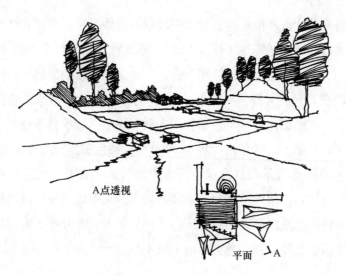

A点透视

平面 ⌐A

图 4-1-23 诗人园

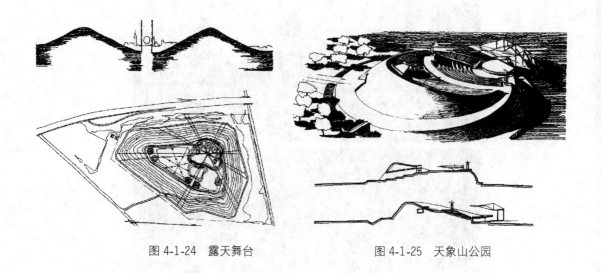

图 4-1-24 露天舞台　　　　图 4-1-25 天象山公园

4.1.5 地形的绘制要点

对于规整几何式的地形，坡度是固定的，设计与绘制相对简单，对于自然式地形，需要注意如下要点。

主次分明，互相呼应。主山可高耸、体量宽大，变化多端；客山多奔放绵延，呈拱状向外延伸的形式。先确定主山的主要位置，随后再考虑客山的位置，在比例关系相互协调的同时也要注意整体走势，忌孤山一座。

山体的坡面有缓有急，而等高线有着更为丰富的疏密变化。面向园内以及面向朝阳的坡面较为平缓、地形较为复杂；面向园外以及面向朝阴的坡面较陡，地形较简单。

4.2 水体景观设计

4.2.1 水的分类

按照水的平面形态分为自然式、几何式（规整式）。

自然式：曲折多变的自然线形，讲究"曲折生美""幽美在曲"。在曲折婉转的同时，给人一种静谧深远的艺术氛围，从设计风格上讲比较灵活多变（图 4-2-1）。

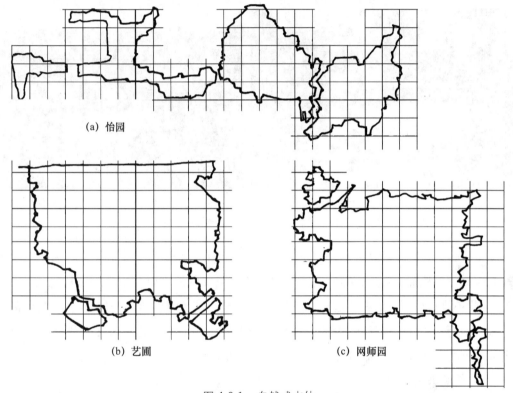

(a) 怡园

(b) 艺圃   (c) 网师园

图 4-2-1 自然式水体

几何式：圆形、四边形、三角形和多边形等几何形体以及它们相互组织结合的形体。几何式的水面整齐、简洁大方、视线开朗、豪华热烈等（图 4-2-2、图 4-2-3）。有时，通过几何形式的有机组合能够形成丰富、创新、雅致、静谧的空间（图 4-2-4、图 4-2-5）。

4.2.2 水的尺度比例

小尺度的水面亲切宜人，适合于宁静不大的空间，大尺度的水面浩瀚磅礴，适用于自然景观，其中处理好水面与周围环境的关系是最为关键的。

例如，苏州怡园和艺圃两处中国古典园林中的水源大小相差无几，但艺圃的水面却略显宽阔和通透。怡园与网师园的水面相比，前者的水面虽大于后者水面的三分之一，

图 4-2-2　几何式水体①

图 4-2-3　几何式水体②

图 4-2-4　几何式水体③

图 4-2-5　几何式水体④

但是，却在视觉上给人以大而不广、长而不深的感觉，相反，网师园的水面空旷幽深（图 4-2-6）。原因除了欲扬先抑的空间序列，还有重要的原因就是水与周边环境的比例关系。苏州网师园水面总面积不超过 350 平方米，却与其环绕的竹外一枝轩、月到风来亭、射鸭廊等建筑保持着一定和谐的比例关系，同时为烘托出水面的空旷，位于置石桥的植物都尽可能地贴近水面，网师园的拱桥更是堪称小巧精致。

图 4-2-6　网师园

4.2.3　水的特性与设计

1. 水贵有源

水是生命之源、文明之源，具有鲜明的文化色彩。水贵有源，跌水、瀑布、涌泉等形式都可以成为水之源头的形式，即使是平静的水面，没有真正源头，我们也要通过设计让人感觉源头的存在，例如苏州诸园水池形状各异，多数以狭长形为表现形式，因为这种水池在纵长方向变化丰富，富有层次，在池水交汇水口及转折之处，多以桥梁或伸出岸边的石矶为景，通过远景、近景、中景的搭配使景观层次更为深邃（图4-2-7）。

2. 水的通透性

用水来划分和界定空间是一种极佳的设计手段。水面划分空间是一种自然形成的感觉，而且水面只在平面上限定，可以保持视线开朗，视觉上具有连续性和渗透性。水面周边设计的景点往往形成对景，让人们既有场地可驻足停留，又有景可赏，水边景点的设计往往互为对景，同时满足看与被看的需求（图4-2-8、图4-2-9）。水面可以控制视距。苏州环秀山庄里过了曲桥以后即可通过栈道上的假山，清幽的水面限定了游客游览的视距，左侧临山，右侧依水，使本不高的假山更添峻峭，通过强迫视距获得小中见大的感觉（图4-2-10）。

图 4-2-7　源头拱桥

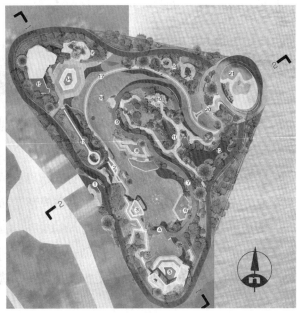

图 4-2-8　水的通透性①

图 4-2-9　水的通透性②

图 4-2-10　水的通透性③

3. 水面空间的丰富性

（1）岛

为了增加水面空间的丰富性，我们可以在水面上融入岛、桥、汀步、建筑、道路等元素。

岛的形式可传统自然，也可现代抽象（图 4-2-11、图 4-2-12），水面较小的水体一般不设岛，水面较大时岛可以设置一处也可以设置多处连成整体，岛与水面的平面及竖向比例关系决定着水面空间的通透性。如拙政园中部二岛尺度较大，林溪紧密，之间仅隔一水峡，视线分隔，荷风四面亭的小岛低矮，水面通透（图 4-2-13）。

图 4-2-11　抽象的岛

图 4-2-12　自然的岛

图 4-2-13　拙政园二岛

（2）桥与汀步

桥与汀步是划分水面空间的有效方式，可自然可规整，常设在水面较窄处，或转折或交汇处，往往在桥上设计构筑物，丰富空间形态和层次（图 4-2-14、图 4-2-15）。

在水面架桥必须考虑水面与桥身间的关系，桥的高低视水面大小而定，且依据山体走势在不同高度和方向上架桥，可以创造更多层次和水面倒影等效果。小水池则桥面贴水而过。便于观赏游憩，又使水面看上去更加宽阔，倘若附近有假山、石矶为辅，便可衬出山势的峥嵘（图 4-2-16）。

（3）道路及铺装

水体空间的使用离不开道路及铺装场地的设置，在亲水空间、集散空间、停留赏景空间等场地都要设计合理的铺装及设施，可在水中、岸边，也可退于水面之外。道路与水体的关系要因地制宜，在规整式水体中，道路的形式往往是几何形式的，在自然式水体时

图 4-2-14　桥与构筑物①

图 4-2-15　桥与构筑物②

图 4-2-16　不同高度架桥

道路与水若近若离——时而临近水体，时而穿梭于绿地，引导人们在不同环境中的游览体验，另外，当水中有岛时，可考虑水中的行走线路，宽度依据水体的位置、功能和人流量而定（图 4-2-17、图 4-2-18）。

图 4-2-17　道路及铺装①

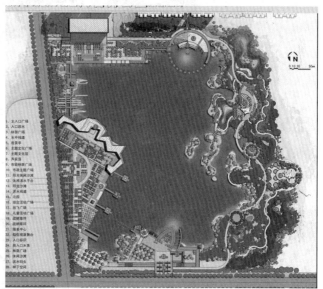
图 4-2-18　道路及铺装②

4. 水的可塑性

由于水极具可塑性，通过平面形式和立面高差可以形成不同形状的水面，可静止，可活动，可发出声音。对于大型水体和风浪大、水位变化大的水体，以及规则式布局中的水体，多采用整形式直驳岸，以石料或混凝土等材料作砌筑岩壁。对于小型水体、大型水体中的小局部，以及自然式布局的水体，多采用自然山石驳岸和自然植被作缓坡驳岸，更富灵动。石岸不宜僵直或过高，会导致水低，如凭栏观井。在水体之间设置水生植物隔离带，隔离石头处在水与植物间会更显自然，同时可以过滤泥沙、净化水质，使其更富生态性。而亲水驳岸一般采用斜滩、草滩、台阶作为主要驳岸形式，亲水驳岸直径 2 米范围内的水深不得大于 0.7 米。

现代景观设计中水体有更多的形式、色彩和材料。驳岸一侧设计成摆放参差不齐的几何花岗岩的条石，另一侧设计为红棕色混凝土的不规则四方体，无论是高度上、方向上、色彩上、材料上、形式上，两侧的驳岸均形成了鲜明对比，具有极强的现代景观特征（图 4-2-19）。

图 4-2-19　水的驳岸

传统水面的形式主要是曲线，现代景观水面的形式是多样的，可以是自然的曲线，也可以是任意的几何形式，设计什么形式的容器就呈现什么样式的水面：碗状容器（图 4-2-20）、同心圆的容器（图 4-2-21）、不同高度和位置的立方体容器（图 4-2-22）、平滑曲线交织在一起的容器（图 4-2-23）。

加州的密克康纳尔基金会环境

加州的密克康纳尔基金会环境

图 4-2-20　碗状容器　　　　　　　　　图 4-2-21　同心圆的容器

图 4-2-22 立方体容器

图 4-2-23 曲线容器

5. 水的映射性

水可以映射周围景物等特性，形成倒影，创造虚幻景观，倒影随着水的波纹而摇曳，给人美与遐想。平静水面映射出建筑形态和植物绚烂（图 4-2-24），映射绿色竹林和红色竹竿（图 4-2-25）。

图 4-2-24 水的映射性①

图 4-2-25 水的映射性②

4.2.4 点线面的水景设计

1. 面的水景

视野开阔和平坦的大面积水面，具有突出水中岛屿和水中景观的作用。例如，杭州西湖、北京颐和园昆明湖、北海公园都具有辽阔的大面积水景，宽阔的水面既能将湖水两侧的景色融入其中，也能成为烘托景观景色的基底。由于水固有的液体特性，在风和阳光的作用下，会形成波纹并折射光线，产生闪烁的效果，水面能够丰富景观层次，还能与天空相映成趣，岸上和湖中的人在观景时，会产生不同的景观体验。当水面不大，在建筑之间形成面时，这样的水面便成为岸畔或景观节点的基底（图 4-2-26）。

图 4-2-26　面的水景

2. 线的水景

水面不仅能够丰富景观效果，还能够连接景点和空间，例如扬州瘦西湖的带状水面延绵数千米，一直可达平山堂，宛如一条美丽的珍珠项链，通过环状的水面，将曲折自然的景色相连，让整个扬州瘦西湖的景色更加统一。

3. 点的水景

通常安排在向心空间的焦点上、轴线的焦点上、空间醒目处或视线容易集中的地方，使其突出成为焦点。同时，点式水景可以解决水资源相对匮乏与人们嬉水亲水需求的矛盾。

为了减少开挖大面积的水面，以小而精取胜，多采用点状或线状的水体形态。虽然是点式喷泉，但是水池没有做驳岸，和地面相接，最大限度地满足了人们的赏水亲水需求，水池底部采用生态的透水砖铺装，留有渗水孔，水可以渗入地下，实现水资源的循环（图 4-2-27）。

水池兼做下沉式小广场，旱地喷泉广场和阶梯状瀑布也是很好的水景设计形式，在水资源富裕的情况下或者在春夏季节，满足人们对水的近距

图 4-2-27　点的水景

离接触需求，在秋冬季节，在无水的状态下，场地仍然具有使用功能。

水景设计中也经常采取清水水景的设计方法，它的水深不过30～40厘米，人们很容易与水亲近，再配上色彩斑斓的砂石铺装，即使到了严冬也不失为一道亮丽的风景（图4-2-28）。

除了砂石铺砖这种具象表达外，还有带着中国古典特色的枯山水、曲水流觞的抽象地面铺装，这种古典的铺装样式容易让人产生联想和朦胧的意境，可以使人们沉浸其中，由内向外激发人的本能，感受其中的妙趣（图4-2-29）。

图 4-2-28　清水水景　　　　　　　　图 4-2-29　联想意境

4.3　植物景观设计

4.3.1　植物的分类

将植物的生长类型和应用法则相互结合，将景观植物分为乔木、灌木、藤本植物、草本花卉、草坪以及地被植物六种类型的景观材料。

1. 乔木

具有体形高大、主干直立、枝叶茂密、分枝点高、寿命长等特点。依据其高度又可分为乔（31m以上）、大乔（21～30m）、中乔（11～20m）、小乔（6～10m）四级。依据树叶的类型分常绿针叶乔木、常绿阔叶乔木和落叶针叶乔木、落叶阔叶乔木。图4-3-1是秋天的银杏。

常绿针叶乔木有侧柏、黑松、云杉、北京桧柏、白皮松、罗汉松、南洋松、圆柏等。

常绿阔叶乔木有广玉兰、樟树、桂花、大叶女贞、

图 4-3-1　银杏

深山含笑、石楠、棕榈等。

落叶针叶乔木有水杉、金钱松、水松、池杉、落羽杉等。

落叶阔叶乔木有楸树、白桦、红桦、山杨、椴树、黄檗、乌桕、榆树、臭椿、合欢等。

2. 灌木

体形低矮（常在 6 米以下），主干低矮，分枝点较低。或干茎从地面呈多数生出且无明显主干，枝条成丛生状。具有开花或叶色美丽等特点。分常绿针叶灌木、常绿阔叶灌木、落叶阔叶灌木。这是春天的紫荆（图 4-3-2）。

常绿针叶灌木有铺地柏、砂地柏、矮紫杉、千头柏、鹿角柏、翠蓝柏、粗榧、火棘等。

常绿阔叶灌木有小（大）叶黄杨、海桐、珊瑚树、凤尾兰、苏铁、八角金盘、山茶、含笑等。

落叶阔叶灌木有白玉兰、悬铃木、泡桐、鹅掌楸、梓树、紫叶小檗、红瑞木、棣棠、鸡麻、牡丹等。

图 4-3-2　紫荆

3. 藤本植物

向上生长且能够缠绕攀爬在其他物体上的木本植物。分常绿藤本植物、落叶藤本植物。这是攀附于建筑墙体的爬山虎（图 4-3-3）。

图 4-3-3　爬山虎

常绿藤本植物有小叶扶芳藤、大叶扶芳藤、常春藤等。

落叶藤本植物有蔷薇、藤本月季、木香、紫藤、山葡萄、爬山虎、猕猴桃、美国凌霄、金银花等。

4. 草本花卉

具有草质茎的花卉，叫做草本花卉。秋海棠、非洲菊、香石竹等都属于此类花卉。草本花卉中，按其生育期长短不同，又可分为一年生、二年生和多年生几种。

5. 草坪

景观中用人工铺植草皮或播种草籽培养形成的整片绿色地面叫作草坪。可形成各种人工草地的生长低矮、叶片稠密、叶色美观、耐践踏的多年生草本植物。按照气候类型可以分为冷季型草和暖季型草两大类。

6. 地被植物

株丛密集、低矮，用于覆盖地面的植物，高度在 1 米左右（图 4-3-4）。杜鹃花、三叶草、凤尾竹、常春藤、金银花都属于这类植物。根据植物特点又可以分为多年生草本和低矮丛生、枝叶密集或偃伏性或半蔓性的灌木以及藤本。

图 4-3-4　地被植物

4.3.2　植物的特色

植物、建筑、地形、水系、道路、雕塑小品等都是景观设计中重要的设计要素，但是植物在运用中有着独特的特性。所以在设计中应该充分发挥植物的特性所带给设计的与众不同。

1. 植物的生命力

植物景观同大自然的现象一样具备四季的变化，表现季相的更替，这正是植物所特有的作用，是植物景观最大的特点。春发嫩绿，夏披浓荫，秋叶胜似春花，冬季则有枯木寒林的画意。图 4-3-5 是武汉大学的林荫道随时间的更替所呈现的景观变化。植物能给环境带来自然、舒畅的感觉。

2. 植物的气味

对于人们来说，体验一个景观作品，信息是由几种感觉器官综合接收的，它既有视觉、听觉、触觉，也有嗅觉。嗅觉效果主要是由植物来起作用的，如清华大学的荷塘，每当夏日荷风扑面之时，清香满堂。浙江大学遍植桂花，开花时异香袭人。草木的芬芳使校

图 4-3-5 植物景观

园中空气更清新怡人，一些花木以其干、叶、花、果作为观赏，同时它们也散布馨香，并招蜂引蝶。在我国古典园林中常利用植物的气味作为景点主题，营造意境。网师园中的"小山丛桂轩"，桂花开时，异香袭人，意境十分高雅。

3. 植物的内涵

中国历史悠久，文化灿烂，很多古代诗人都留下了赋予植物人格化的优美篇章。所以可以借用不同的植物来表达特殊的情感，烘托特定气氛，通过品赏景色，人们在潜移默化中受到熏陶。

传统的松、竹、梅配植形式，谓之岁寒三友。梅兰竹菊谓之四君子。玉兰、海棠、迎春、牡丹、桂花谓之玉堂春富贵等。枫树：晚年的能量；银杏：稳固持久的事物；榆树：文明的源泉；柳树：表示惜别及报春，纤弱、轻盈、飘逸的象征；杏树：讲学圣地；女贞：富有性格的树；梧桐：祥瑞之物；桃树：象征幸福、交好运；桑树：表示家乡；侧柏：坚贞不屈，多用于烈士陵园；合欢：合家欢乐；桂花：象征秋天，蟾宫折桂；柑橘：财富；枣树：邻里之情；石榴：多子多福；紫薇：和睦。

我国古典园林以浓郁的意境氛围享誉世界，其中许多的景点都和植物相关，例如拙政园中和植物有关的景点有：兰雪堂、芙蓉榭、秫香馆、梧竹幽居亭（图 4-3-6）、雪香云蔚亭、荷风四面亭、远香堂、玉兰堂、留听阁、十八曼陀罗花馆、海棠春坞（图

图 4-3-6 梧竹幽居亭

图 4-3-7 海棠春坞

图 4-3-8 枇杷园

4-3-7)、枇杷园（图 4-3-8）等。留听阁以残荷为主景取唐朝诗人李商隐的"秋阴不散霜飞晚，留得残荷听雨声"之意，荷花水上部分秋天枯掉，但藕仍具生命力，来年必然新枝嫩叶焕然一新。

4.3.3　形成空间与控制视线

植物高与低的层次关系、疏与密的种植方式以及不同的树冠形状都可以给空间带来不一样的感受。

1. 开敞空间

视线开阔，采用低矮的灌木和地被植物对空间四周进行划分，这种方式的围合，能产生通透开放的空间，并能完全暴露在阳光和天空下（图 4-3-9）。

图 4-3-9 开敞空间

2. 半开敞空间

视线部分遮挡，部分开敞。种植设计形式不同，遮挡的位置便不同，空间效果也就不同，如图 4-3-10 所示的围合空间的向心和焦点效果加强，形成了一个顶部封闭、四周开敞，且由行列构成的带状空间。

3. 完全封闭空间

视线全部遮挡。这类空间的顶部覆盖，且四周均被中小型植物所封闭。具有极强的隐秘性和隔离感（图 4-3-11）。

在植物材料设计中，通过有序的种植方法，使植物可以控制视线遮挡，形成视线引导的作用（图 4-3-12），空间序列的形成是通过对植物进行有序的排列而实现的，植物如同建筑的门与墙，可以引导游客，穿梭在景观空间中。植物的布局有特殊作用，可

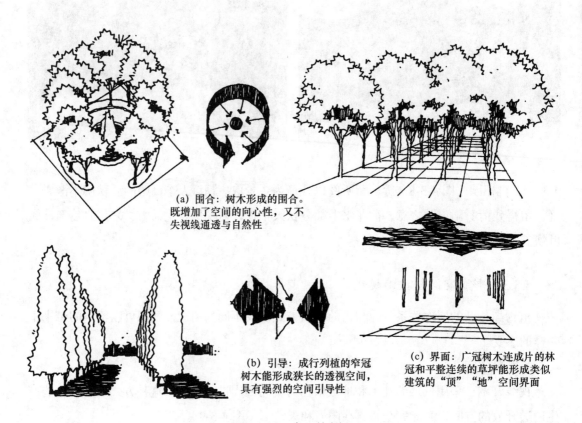

(a) 围合：树木形成的围合。
既增加了空间的向心性，又不
失视线通透与自然性

(b) 引导：成行列植的窄冠
树木能形成狭长的透视空间，
具有强烈的空间引导性

(c) 界面：广冠树木连成片的林
冠和平整连续的草坪能形成类似
建筑的"顶""地"空间界面

图 4-3-10   半开敞空间

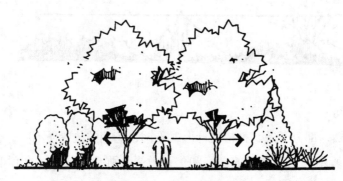

图 4-3-11   完全封闭空间

以形成不同的空间氛围。植物可以形成顶部遮挡的空间，使人感到压抑，也可以
形成有序的种植方式，能引导和阻碍游客的视线。因此植物能够创造"扩大"和"缩
小"的空间变化，使得景观中的空间序列能够产生更加丰富多样的效果（图 4-3-13、
图 4-3-14）。

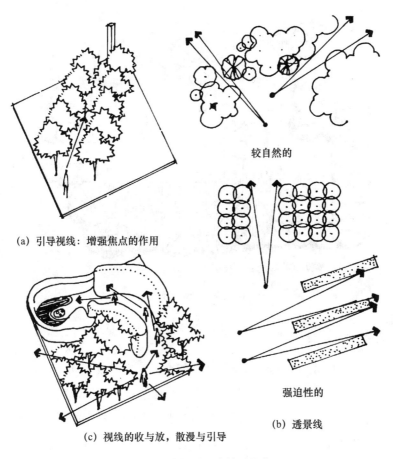

(a) 引导视线：增强焦点的作用

较自然的

强迫性的

(b) 透景线

(c) 视线的收与放，散漫与引导

图 4-3-12 植物对视线的引导作用

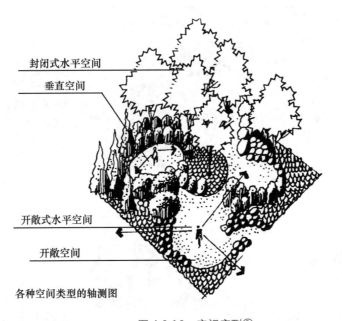

封闭式水平空间

垂直空间

开敞式水平空间

开敞空间

各种空间类型的轴测图

图 4-3-13 空间序列①

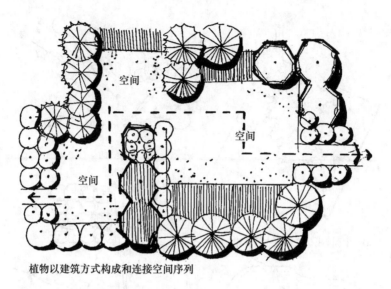

植物以建筑方式构成和连接空间序列

图 4-3-14　空间序列②

4.3.4　美学功能

　　植物除了塑造空间氛围，还可以作为观赏节点，例如形成不同主题的观赏空间，如图 4-3-15、图 4-3-16 所示，紫藤和雪松通过其体量和形态，巧妙地成为空间中的主景。植物材料不仅能够成为主景，还可以成为衬托其他节点的背景，根据前景的形态、色彩、尺度来决定背景植物的形式、种类、高度，让前景后景产生对比，突出主要节点想要呈现的效果（图 4-3-17）。

图 4-3-15　紫藤

图 4-3-16　雪松

图 4-3-17　植物的美学功能

此外，植物材料还有将较杂乱的要素形式统一形成整体感的作用（图4-3-18），还可以软化建筑等硬性景观，悬垂植物和石景配置相得益彰（图4-3-19），植物和木质材料配以折线的设计形式，既和谐又具有强烈的视觉效果（图4-3-20）。

图 4-3-18　植物的美学功能①

图 4-3-19　植物的美学功能②

图 4-3-20　植物的美学功能③

4.3.5　生态功能

1.净化空气的作用

植物可以吸收二氧化碳、放出氧气，可吸收有害气体、放射性物质，吸滞粉尘等。

2.净化水体的作用

在环境污染严重和水质较差的地方，想要以生态环保的方式改善水质，通常会种植水生植物和沼生植物来改善水质。据报道，芦苇能吸收酚及其他20多种化合物，$1m^2$芦苇1年可积聚9kg的污染物质。在种有芦苇的水池中，水中的悬浮物减少30%，氯化物减少90%，有机氮减少60%，磷酸盐减少20%，氨减少66%，总硬度减少33%。

3.净化土壤的作用

植物的根系发达，不仅可以疏松土壤，摄取土壤中的养分，也可以吸收土壤中的有害物质，起到净化土壤的作用。

4. 杀菌作用

越密集的城市，空气中含有的细菌越多，能达到每立方十万个细菌，相反疏散的郊区公园中，每立方只有几千个细菌，可见植物具有减少空气中细菌数量的作用。下表很清楚地说明了这一点。

空间类型	含菌量	空间类型	含菌量	空间类型	含菌量
公共场所	49700	植物园	1046	樟树林	1218
街道	44050	黑松林	589	柏树林	747
公园	6980	草地	688	杂木林	1965

5. 改善城市小气候

植物可以调节温度、湿度、空气流动。在夏季风主导的地区中，设置带状绿地可以为炎热的环境带来凉爽的风，从而提升环境的舒适度。

植物还具有保持水土、降低噪声、保护农田、安全防护、检测环境污染等作用。

4.3.6 种植设计

因地制宜地种植当地乡土树种。种植布局要有整体性，种植搭配要富有变化，种植手法可采用孤植、林植、丛植、列植、对植和片植等。植物种类选择以乔木大树为主，灌木为辅，藤本、花卉、草地相结合的组合方式；以阔叶乔木为主，常绿树为辅，速生树和慢生树相结合的组合方式。种植时不同树种所占比例也十分重要，例如北方地区，常绿乔木与落叶乔木的比例在 1：3～1：4 为宜；常绿灌木与落叶灌木的比例在 1：2～1：1 为宜；乔木与灌木的比例在 3：1～2：1 为宜。

4.4 设施景观设计

"公共设施"一词源于英国，英语为 Street Furniture，直译为"街道的家具"。在欧洲，称其为 Urban Element，直译为"城市元素"。在日本，被理解为"步行者道路的家具"或者"道的装置"，也称"街具"。在我国，可以理解为"环境景观设施"，也称为"城市家具"，是英文"Street Furniture"的中文解释。

4.4.1 景观设施的分类

城市家具的范围很广，例如邮局的邮箱、果皮箱、街边的休闲座椅、公交车候车亭、街边的照明设施、广告牌、标识牌、宣传栏等，都属于城市家具，按照它们的使用功能又可以分为以下几种类型。

1. 交通服务类景观设施

如果仔细观察你所生活的城市空间，便会发现服务类设施在城市中随处可见，例如交通指示牌、交通信号灯，以及路灯、路标、天桥、候车亭、地铁站的入口和大门、路障、自行车的停放设施、加油站、无障碍设施等经常在生活的视野中出现（图4-4-1）。

图 4-4-1　交通服务类景观设施

2. 健身器械类景观设施

顾名思义就是指满足城市中人们娱乐和健身的设施。生活中常见的有儿童游乐设施、健身康复器材等设施（图4-4-2）。

图 4-4-2　健身器械类景观设施

3. 环卫类景观设施

城市环境卫生由环卫工人承担主要部分，配备卫生清洁装置器具，能够提高人们对城市环境的保护。这些卫生清洁器具的种类很多，主要包括垃圾桶、垃圾回收站、公共饮水器、公共厕所、消防栓等（图4-4-3、图4-4-4）。

图 4-4-3　环卫类景观设施①　　　　　　　图 4-4-4　环卫类景观设施②

4. 照明类景观设施

用于庭院、公园、街头绿地、居住区或大型建筑物的照明。主要有路灯、庭院灯、草坪灯、地埋灯、高杆灯、投光、泛光灯、霓虹灯、信号灯、文化灯、喷泉水池灯等。

5. 信息类景观设施

它能够帮助人们更快速地了解城市面貌，帮助人们确定所在位置，明确目标地点的前进方向，通过它可以快速、准确地到达目标地点；它通常以导向牌、商业标识、告示牌、路标牌、户外的广告、媒体标识等方式呈现（图 4-4-5）。

图 4-4-5　信息类景观设施

6. 休憩类景观设施

为人们提供停留休憩交流的城市环境设施，包括凉亭花架、休闲桌椅等（图 4-4-6）。

图 4-4-6　休憩类景观设施

4.4.2　景观设施的设计

突出景观环境的印象、吸引力和视觉感受，少不了景观设施的衬托。从美学的角度分析，良好的景观设施造型可以提升景观空间的氛围和感受，从视觉上丰富景观环境效果，还能提升景观环境的吸引力和魅力。在一定程度上设施是社会经济、文化的载体和映射，增强环境的可识别性，塑造环境的空间个性。

这处座凳设计，利用反光材质，满足休息的同时，运用借景的手法丰富了景观层次，增强了环境的吸引力（图4-4-7）。这处座凳不仅满足休憩功能需要，更是作为了一种线性元素在空间布局中发挥着串联诸要素的重要作用，而且座凳的形式新颖，增强了视觉吸引力（图4-4-8）。

图 4-4-7 景观设施的设计①   图 4-4-8 景观设施的设计②

这处游乐器械不仅获得了孩子们的喜爱，因其体量和形式也成为了空间的主景（图4-4-9、图4-4-10）。这是一路延伸至海边的景点设施设计，利用重复和对比的手法，在空间形成阵列，无形中引导方向，与旋转座椅的结合，使得该小品更具趣味性（图4-4-11）。

图 4-4-9 景观设施的设计③   图 4-4-10   图 4-4-11
                                        景观设施的设计④   景观设施的设计⑤

都柏林港区大运河广场设计的突出特点是一张红色的"地毯",从演艺中心一直延伸到了码头之上,中间还交叉了一张由草坪和植被铺设的绿色"地毯"。对比强烈的色彩,使船只从很远处就可以注意到港口,红色的地毯是由发光的树脂玻璃片铺成的,上面还覆盖着许多红色的荧光棒,荧光棒交错排列,像船只的桅杆,竖直向上的线条给人以奋发向上之感(图 4-4-12、图 4-4-13)。

图 4-4-12　都柏林港区大运河广场设计①

图 4-4-13　都柏林港区大运河广场设计②

设施在一定情况下可以成为场地布局的主角,座凳一般是景观设计中附属的设施,可是在图 4-4-14 环境中,座凳除了休憩功能之外,控制着空间的布局,是场地的主要景观元素。这是西班牙科尔多瓦市的蘑菇伞广场,位于高速列车站旁边,非常引人注目,因其交通流量相当大,需要大面积的铺装,通过设计的伞形设施解决了交通和休憩及荫凉的

图 4-4-14　座凳控制布局

需求，在满足功能需求的情况下，蘑菇伞的伞干还具有排水功能，不仅不遮挡视线还可以为人们提供庇护和夜间照明的作用（图 4-4-15 ～图 4-4-17）。

图 4-4-15　蘑菇伞广场①

图 4-4-16　蘑菇伞广场②

图 4-4-17　蘑菇伞广场③

⑤

景观设计实例

5.1 公园景观

5.1.1 设计建议

公园的种类很多，分为综合公园、社区公园和专类公园等，不同类型的公园有着不同的性质，通常公园具备社会效益、经济效益和环境效益。公园面向所有社会群体，并为他们提供游览、观光、健身、休息、户外科普等文体活动条件，公园属于城市绿地，它配备了良好的生态环境和不错的景观设施，在进行公园设计时要注意以下几点。

1. 城市中的"肺"

注重自然、生态，强调人与自然的交流，实现"肺"的功能。

2. 绿化与人争空间

随着户外游憩意识的深入，越来越多的人涌入公园，人们来公园的主要原因是为了休闲，公园的最高目标是给人们带来宁静，在喧嚣的城市中给人们带去一片安静、舒适的空间。这种空间最基本的就是人口基数小，所以在设计中首先要考虑人口的容纳量，创造出安静的氛围（休闲、宁静的环境主要通过大片的绿化和自然材料来实现）。

想要合理且均衡地分配人流，在已有的空间内划分是难以达到目的的。设计应做到铺装场地相对集中与分散。

从平面水平走向空间立体：公园中有许多带有起伏变化的空间，这种空间是将单调的平面布局通过立体划分手法，为公园增加景观层次，从而消除视野上的单调感，丰富景观空间，提高单位面积的使用效率，缓解人与绿化之间的矛盾。

3. 城市公园与城市文化

1995 年世界公园大会宣言：公园是地方文化传承和延续的区域，公园继承了城市的文化和精神财富。2018 年习近平总书记在成都市天府新区视察时做出了"突出公园城市特点，把生态价值考虑进去"的重要指示。公园城市通过打造绿色性、开放性、可达性、亲民性的公园空间，以满足人民日益增长的美好生活需求，实现城市与自然的交融和对话。因此公园应承载历史记忆、文化底蕴和自然风貌。

4. 合理的功能分区

功能分区包括但不限于科学普及文化娱乐区、体育活动区、儿童活动区、游览休息区、公园管理区等。体育运动区宜选择生长快速、高大挺拔、冠大而整齐的树种。奔跑、跳跃本是孩子的天性，在设计儿童活动区时应当选用生长健壮、树冠浓密的树木，在夏季应该达到 50% 以上的遮蔽效果，这样不仅可以有效地保护儿童的安全，还给他们提供舒适的活动环境。在儿童区种植的植物切忌种植有刺、有毒和刺激反应的植物。文化娱乐区则是以花坛、草坪、花田等开敞的地被植物为主，可以适当地点缀几棵大乔木，这样不仅不会影响人们的视线，也有利于保证交通安全，疏散游客。游览休息区选择当地生长健壮的几个树种为骨干，突出周围环境季相变化的特色。

5.1.2 鱼台棠邑综合性公园

1. 前期分析

（1）鱼台分析

鱼台位于微山湖西岸，地属鲁西南南部，南与江苏省徐州市毗邻，西接金乡县，北临济宁。鱼台县有着丰富的水资源，该区域被京杭运河、东鱼河以及白马河等 17 条河流连接，属于淮河水系。另外鱼台县还有着丰富的物质资源，盛产棉花、水稻和小麦，有着国家商品粮仓之称，因为鱼台县有着优质的淡水鱼生产基地，也被称为"鱼米之乡"。优质的农业生产条件，不可或缺的就是优质的地理环境，鱼台县西南稍高，东北偏低，整体呈现低洼的地势，属于平原地区，平均海拔能达到 35 米。鱼台县的气候属于暖温带季风型大陆性气候，降雨充足，气候宜人，其地理优势使其具备了充足的光照条件。鱼台县的地理和气候优势造就了当地的产业链，采煤业、纺织业、食品加工业、化工业等构成了当地主要的工业生产体系。

（2）区位分析

按照鱼台县总体规划（2012—2030 年）要求，棠邑公园设计范围北至北二环路，南至七所楼回迁区，东至湖陵三路，西至湖陵四路，规划面积约为 9 公顷，规模较大，可以很好地发挥城市公园的作用。

鱼台总体形象定位为"鱼米之乡，孝贤故里，滨湖水城"，形成"城湖共生、城水交融、城绿相嵌"的生态城市。要求绿地设计以水系为纽带，以文化为特色，故棠邑公园定位为文化主题的综合性公园。主要以中青年，以及中老年和儿童为主要使用人群，以城市居民、附近学校学生、消费人群、近郊旅游人群为主要服务对象。

（3）内部环境

场地现状多为耕地，土质肥沃，底层土质满足栽植建设所需要的厚度，土壤适宜种植，为公园的绿化提供了良好的种植条件。地形平坦，除沟渠、坑塘外无太大竖向变化，场地内有一条主路和若干小径，以土质为主，未来使用率不高，后期考虑进行提升。

场地内地下水位高。鱼台县利用水资源量丰富，坑塘密布，水网丰富，并有一条东南到西北方向的水渠穿过的优势条件，为公园提供了很好的水源环境。现场内植物品种单一，乔木多以毛白杨为主，并育有紫叶李等多种小乔木，由于水资源丰富，芦苇等水生植物密布。

（4）外部环境

场地西侧和南侧为居民区，北侧临近学校，东区为未来的行政办公区，区位优势非常明显。临近城市交通轴线，人口数量较多，交通方便，而鱼台县周边环境多湿地公园和主题公园，又与微山湖湿地公园相邻，为促进生态城市建设，需考虑与其他周边公园环境相融，在考虑周围环境交通流线的同时，也应考虑相邻城市间的交通流线对场地的相应影响，在旅游规划设计系统中做出合理规划。棠邑公园的规划也应结合鱼台县内的其他广场和公园布局选择布局形式，与鱼台县中具有代表特色的孝贤文化广场相结合。在顺应临近的交通流线的同时，与周围居民区建筑相互融洽。在绿地系统规划设计中，应用附近区域具有地标性特色植物，在公园形式上应用与当地文化相关的地标性雕塑或素材，使其与周围环境完美契合。

（5）人文环境

鱼台县，古称棠邑，源自鲁隐公武棠亭观鱼的历史故事，鲁隐公的孝贤事迹为鱼台代代传颂，奠定了鱼台孝贤故里的文化基调。该地区文化资源丰富，呈中心向外围的辐射状态，人文历史和古城传统文化集中在市区，而项目地位于新城，临近滨湖景观区，生态基础良好，但缺乏与古城文脉连接和地域文化的深入挖掘，可以密切结合外接滨湖、内接古城的文化设计构思，结合悠久的春秋历史文化，深厚的人文底蕴，塑造古城鱼台。来者于此，溯源古城美景，礼遇贤士。在公园中，将人文记忆写进今日篇章，将鲁公史说、春秋遗韵与鱼台风貌、鱼水同生相结合。

2.设计目标与理念

（1）设计目标

渗透场所文化：让景观符号具有识别性和城市记忆；

激活城市生活：赋予城市绿地新的生机，激发对城市生活的未来畅想；

拓展市民视野：让公园成为一扇窗，透过园景认识一个全新的鱼台；

实现人与环境的共融共生：让公园连接城市脉络，与城市共同生长。

（2）设计定位

公园的功能定位是休闲乐园，满足人们散步、慢跑、游戏、交往、歌唱、跳舞的需求。公园的景观定位是文化游园，满足忆古、追贤、读古诗、赏画、听音乐、读书及了解古城人文的需求。公园的生态定位是自然花园，满足涵养水土，净化水质，林中漫步，临岸拂水，在大自然中肆意徜徉的需求。

（3）设计理念

公园景观主题定位"春秋遗韵，鱼水同生"。以此为理念延伸，提取"塘""鱼""鲁公"作为主题元素，渗透进春秋历史文化，鲁隐公为主的人文精神，在公园景观中作为特色形象予以体现（图5-1-1）。

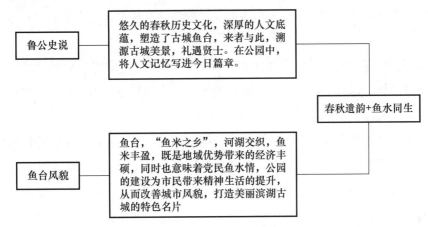

图 5-1-1　公园主题定位

3. 设计策略与方法

（1）设计策略

将水塘串联组织，让绿地沟通协调，产生裂变，有序"生长"。衍生园路，组织游览；渗透古城文化、人文史说，装点植被拥抱自然，一切开始"生生不息"。人，走进公园，走进街巷，走进不一样的城市新风貌，实现人与城市、人与自然同生同长。

公园周边紧邻城市主干路，对外交通非常发达；公园区内设5米宽的主环路联通四个出入口；东入口为公园主入口，结合周边建筑布局，形成文化景观大道，深入水边，形成特色观景带；游园内设1.5～3米宽的特色步行道，贯穿四个景点；在滨水岸边设计环形滨水游步道；公园外围结合公园入口和周围居住区的分布状况，设计停车区，满足未来的人流量。

（2）节点设计

设计分为人文景观体验区、儿童游乐区、康体休闲区、生态湿地涵养区。

人文景观体验区由东入口到水边设计文化景观轴线，并向南北两侧渗透。由外至内贯穿棠邑主题入口广场—林荫道—鲁隐公雕塑—龙台飞鱼—观鱼大道—武棠亭等若干主题景点，并以此轴线为核心，沿水岸延伸，增加了棠邑新风、水乡文化等主体景观，将鱼台的地域文化在公园内以元素深入人心。其中，东入口连接文化主轴线，入口题"棠邑"，雕塑，结合跌水形成源远流长的意味，两侧设计景观柱，题刻孝贤文化主题词；沿水景西行，两侧跌水形成环抱之势，与鲁隐公雕塑汇流，途经观鱼大道，最后到达武棠亭，广阔的水景尽收眼底。北入口方案以植物组团打造生态入口，随着四季的变化，入口植物变化性也很大，给游玩的人们一种新鲜感。

儿童游乐区紧邻人文景观，作为其延伸，内容涉及珠算、围棋、水车等与中国文化相关联的游戏场景，同时结合儿童活动需求，增设室外儿童攀爬、水上乐园、钻山洞、管道迷宫、组合滑梯等游乐设施，欢乐童趣又赋予文化。南入口以流线岛的形式，自由开合，与小区对接，隐于自然。其中，生态绿岛如灵动的游鱼穿梭在入口广场上，有序组织步行空间。

康体休闲区位于西南侧特色密林景观带内，于自然氧吧中体验康体休闲的乐趣，设计特色林荫健身广场，以林中休闲、散步养生为主。西入口与主干路相连，以实体复古门的形式与东入口人文轴线相呼应。

西北区域水体渗透形成生态湿地涵养区，体现鱼米之乡的水网密布的特色布局，沿水岸设计观鱼池、垂钓台、书画院、观鱼长廊等休闲区域，增加人们的参与性；在水系东北延伸出结合鱼台特有的诗词曲艺文化，堆石叠山形成诗词峡谷，在自然水流中，感悟文化之境，让人文气息自然流淌，自由徜徉。在山体之上建有观鱼台，为全园最高点。北入口以复古红砖结合耐磨钢和不锈钢的形式体现时代与时光的结合。

（3）专项设计

植物景观以"简约、大气、开放"为理念，重点突出，特色鲜明，适地适树适种，引入生态自然模式。以夏、冬季绿色为基调，结合地形、竖向、功能分区，精选特色植物品种，利用植物色彩、季相变化强调特色，以简约大气取胜，打造鲜明的水镇湖城绿化特色——生态、简约、大气、通透、多彩的景观主题。

秉持海绵城市设计理念。通过渗、滞、蓄、净、用、排等多种技术，实现区域良性水文循环，提高对径流雨水的渗透、调蓄、净化、利用和排放能力，维持或恢复城市的"海绵"功能。大面积的绿地、农田、林地、湿地为园区提供了良好的海绵环境，在停车场、景点广场的大面积铺装中，建议采用透水铺装工艺进行铺设，以增加雨水的渗透面，使园区及周边区域实现雨水下渗、回灌地下，实现雨水的自然积存、自然渗透、自然净化和可持续循环，提高水生态系统的自然修复能力。通过雨水花园、植草沟、透水铺地等措施，对雨水进行生态收集、利用，以涵养湖水和绿地。

铺装设计做如下规定：

入口门户区：为切合公园主题，入口门户区铺装选材上以复古灰砖、文化石为主，颜色上由鲁灰、青灰等体现公园特征。

儿童游乐区：要求炫彩安全无污染，以塑胶软材为主，搭配热烈的暖色调，轻快的明色调，体现独特的儿童游乐区。

运动康体区：主要选取可渗透材质如透水砖、植草砖、青砖等，考虑到区域内有水流过，适当在水边布置一些砾石、河卵石等与水相呼应。

生态湿地涵养区：区域内的木栈道选材以樟子松防腐木为主，配合其他一些防腐木，表面刷耐候木油做好防护。园路上适当选取砾石、雨花石来增加铺装质感。

以上各项参见图 5-1-2 ～图 5-1-25。

图 5-1-2　周边环境

图 5-1-3　场地现状

图 5-1-4　平面图

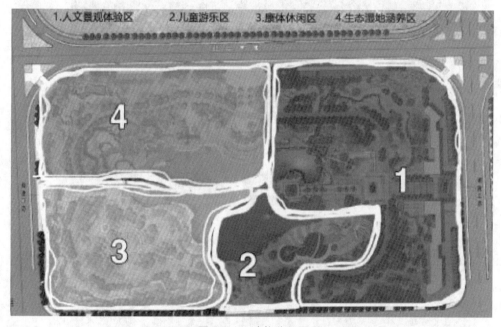

图 5-1-5　功能分区图

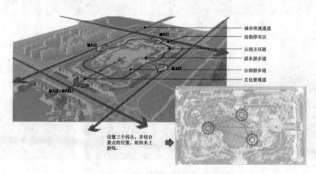

图 5-1-6　交通布局图

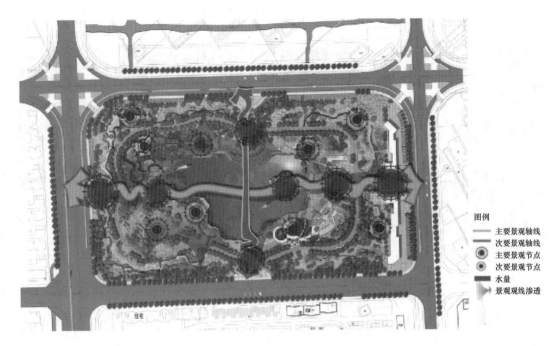

图 5-1-7 景观结构图

图例
—— 主要景观轴线
—— 次要景观轴线
◉ 主要景观节点
◉ 次要景观节点
■ 水量
▶ 景观观线渗透

图 5-1-8 东入口景观

图 5-1-9 北入口景观

互动瓢虫（大号）　　蜗牛群雕塑　　互动瓢虫（小号）

图 5-1-10　儿童活动广场

综合性儿童活动场地，以文化性延续的水车、围棋、珠算等游戏主题为特色，搭配同时结合儿童活动需求，增设室外儿童攀爬、水上乐园、钻山洞、管道迷宫、组合滑梯等游乐设施。

图 5-1-11　儿童游乐区

自然之声雕塑　　　青虫传声筒　　　音乐秋千

图 5-1-12　儿童游乐区管道迷宫

图 5-1-13　观鱼大道

图 5-1-14　湖岸观景

图 5-1-15　健身广场

图 5-1-16　康体休闲区

图 5-1-17　康体休闲区植物

图 5-1-18　鲁隐公雕塑

图 5-1-19　人文景观景墙

图 5-1-20　人文景观区古槐景观

图 5-1-21　人文景观区廊桥夜月

图 5-1-22　人文景观区龙台飞鱼

生态湿地涵养区——荷塘月色
荷塘月色以荷为主题，方便人们观荷、赏荷、画荷。鱼水长廊等滨水多种植荷花、睡莲、千屈菜、马蹄莲等水生植物，丰富水面景观。水边点缀景石，搭配连翘、南天竹、红枫等，倒影及湖边植物绚丽夺目。

图 5-1-23　生态湿地涵养区荷塘月色

图 5-1-24　生态湿地涵养区栖霞晚照　　　　　图 5-1-25　生态湿地涵养区植物

5.1.3　淄博黑旺矿区公园

1. 前期分析

（1）地理位置

黑旺矿区位于淄博市淄川区，与潍坊市接壤，两地之间隔着一条淄河，淄河以西是淄川区，淄河以东是青州市。矿区有 325 省道、铁路辛泰线和太河水库干渠穿过生活区，这三条线犹如三通相连，交汇处的三角地带蕴藏着丰富的矿产资源。研究场地范围 290 公顷，其周长达到 9300 米，其中水域面积占 130 公顷，绿地面积 96 公顷，建筑肌理面积 63 公顷，道路肌理面积 1 公顷。

（2）自然概况

气候：淄川区属于暖温带季风区，具有半干旱半湿润大陆性气候，全年平均温度为 13.82℃，平均湿度为 61.92%，平均降雨为 54.98mm，平均风速为 8.28km/h。四季分明，全年平均风速为轻风，凉爽舒适；降雨量集中，雨热同期。

植被：淄川区当地的主要农作物包含花椒、小麦、棉花、马铃薯、玉米、西红柿等；树木包括国槐、桐树、楸、侧柏、杨树等；经济树包括香椿、杏、柿子、苹果、山楂、软枣、梨等。

地形：淄川区的地形是典型的丘陵地貌，从其卫星影像看似沙漏状；从等高线的疏密程度能看出场地南高北低，东西高，中部低；在坡向分析中，大多数的坡向以东南方向为主；在高程分析中，场地的高程多在 90 ～ 180m 区间；在坡度分析中，场地的坡度多在 0°～ 3°的区间；地形多样，大致可以分为平原、丘陵和山区。

水环境：淄川区的水资源时空分布极不均匀，淄河水质良好，但水资源开发利用过度，河道有明显拦蓄，地下水被利用破坏严重。

（3）发展历程

黑旺铁矿是一座国有企业矿山，20 世纪 70 年代末，就成了山东省最大的露天铁矿山。经过 46 年的开采，黑旺铁矿开采出了大量优质资源，为我国的经济建设做出了贡献。

2013年，黑旺铁矿被山东省国土资源厅列为第一批矿山地质环境恢复项目。黑旺铁矿闭坑后，矿区及附近周边交通设施及其他基础设施被废弃，植被破坏严重，遗留下来的废石堆无人管理，部分露天矿坑被淹，粉尘污染严重，这些问题破坏了当地的自然环境与生态环境，给当地居民的生命安全和生活环境造成了恶劣的影响。

（4）发现问题

问题：自然生态方面，矿区如何去修复生态景观？

策略：合理利用当地材料、动物、土壤、水资源等，恢复场地自然环境，改善项目环境。

问题：人口经济方面，如何带动周边经济、能振兴乡村？

策略：多元化产业结构通过土壤水系的恢复，合理地发展农业、旅游业，通过生态景观恢复、经济林和农田体验发展旅游业。

问题：人文社会方面，废弃工业地的去与留？乡土文化如何融入景观设计中？

策略：尊重历史，合理改造，保留场地原有的废弃设备，体现黑铁文化。合理改造使其发挥生态、经济、景观作用。

通过调研人群需求发现，针对黑旺矿区的修复，市民反馈的情况更多是对原有的场地合理性开发的意见，保护环境为首要任务；对于修复空间的塑造选择，市民更希望以文化旅游和养生度假为主。

2. 设计定位与理念

（1）设计定位

利用后工业废弃地突出工业城市文化特点，探索推进生态建设与产业转型融合发展的城市近郊生态山地森林公园的建设，打造淄博、青州旅游的"中心地"。

（2）设计理念

以矿区景观再生设计为理念，以可持续发展为基础，重塑景观格局，创造产业转折点，修复生态基础是本次环境设计的重中之重。根据当地的经济发展情况，矿区生态的恢复不仅可以保留原矿体的经济效益，还可以全面恢复当地的生态环境，提高当地的景观欣赏水平。将文化旅游项目与其完美融合，可为当地人民创造更多的商机，从而提升整个地区的经济价值。

3. 设计策略与方法

（1）功能分区

通过原有场地地势高差、工业用地和矿坑边界，结合矿区景观设计理念，合理划分出五个功能分区，分别为工业历史区、生态科普区、幽静山林区、产业融合区、田园康养区。

工业历史区位于场地的上段部分，围绕着工业遗址留下的一个深坑，对这一块区域固有的工业痕迹进行保留，配套设施有工业类型的文化展览馆、体验类型的百米探险步道、休闲类型的亲水平台等。

生态科普区位于场地的东侧，为瑙河的临岸，形成了自然湿地。人们的破坏导致瑙河遭到断流，进行湿地、河流的生态修复、涵养水源。在生态景观修复中，进行了适应场地的功能划分，有养殖观光、儿童乐园、素质拓展、科普研学等不同功能区，可组织开展体验、观光、教学等活动。

幽静山林区是相对静态的，满足人们寻求清净休息的想法。该区域保留原有种植经济林，再添置景观树种，丰富空间景观效果，在空间上运用借鉴了古典园林的对景、色景的处理手法，形成多层级的道路系统。

产业融合区在黑旺村传统开发的基础上，促进文化旅游的发展，并与劳动模范事迹相结合，衍生出一系列具有劳动光荣色彩的旅游线路。与当地民居相结合，改善生活设施，从而促进当地民宿产业的发展，增加当地村民的经济收入。

田园康养区是农村卫生服务和原耕地的结合，发展绿色农业和有机农业，发展以"三农"为生活内容的文化旅游。该区适应特定人群，将生态旅游、农业经验和食品加工经验相结合，开发具有特定保健功能的有机食品，促进健康食品产业链的综合发展。

（2）景观结构

景观结构采用"点线面"的形式布局，形成"8点""2环""5面"：8点是包含8个节点活动广场，广场的配备设施均能满足园区的基本要求；2环是指北环线与南环线，是园区的一级道路，贯穿全园；"5面"是将矿区划分为5个功能区，使得每个功能区都有自身独特的景观。

在景观改造中，应突出"氧"的概念，增设公园的特色公共活动空间，结合植物景观来塑造空间，建设矿区空间、景观系统、基础设施、慢行系统，将文化景观融入开放性的空间中，使其得到优化和改善，植被得到修复，突出城市形象的主题。

（3）交通布局

根据承担交通的功能荷载及需要，其中一级道路贯穿全园，为9米宽人行与游览车混行的主干道；二级道路是各个功能区的联系及原有乡村的内部道路，为6米宽的快步道和慢步道结合的次级干道。原址民居普遍坐北朝南，所以乡村内部道路多为南北走向的二级道路；三级道路是各个功能区的内部重要节点的联系线路，为3米宽的步行道；四级道路多为节点的小径与滨河栈道，为2米宽的慢步道。

（4）废弃地的空间营造

对生态活动空间、生态建筑空间、深坑空间的营造，针对生态活动空间的布局，植入大量的植物塑造空间，结合古典园林园路的手法，使得公共空间具有线性的灵动性；园区内部的构筑物均采用了绿色建筑概念，从节能、安全性、保护环境等方面去考虑；深坑的空间布局采用了半包围式的平台作为大的框架，结合中心节点黑铁博物馆，形成视觉放射，在竖向空间的设计上结合现状场地的原貌使游客在深坑空间体验中更能被大自然所感染。

（5）地域材料与现代工艺的结合

园区中的构筑物形式与材料结合地域文化特色，观景塔台和补给驿站在形式上采用了几何符号。材料上大面积运用耐候钢这种工业风格，使得构筑物能更有机地"生长"在场地，将现代工艺融入乡土文化石的创作中，运用乡土韵味更好地表达当地的文化特色。

（6）生态景观的修复

通过改善土壤的基质、植物修复及水系统恢复，在荒废的土地上建立起合适、稳定的植物群落，如此，可以合理有效地改善和控制被污染的生态环境，还可以逐步恢复土壤的功能，通过更新换代，促进植被恢复，改善景观，改善生物多样性，使生态系统进入良性循环。

以上各项参见图 5-1-26 ～图 5-1-40。

图 5-1-26　历史沿革图

图 5-1-27 场地现状图

图 5-1-28 周边服务人群调研图

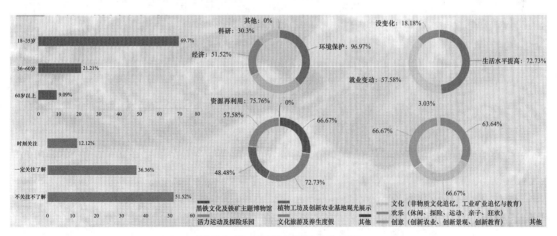

图 5-1-29 调研人群需求分析图

图 5-1-30　平面图

图 5-1-31　工业印记再生构成网络黑铁元素渗入

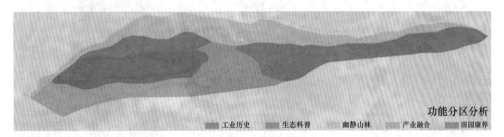

图 5-1-32　功能分区图

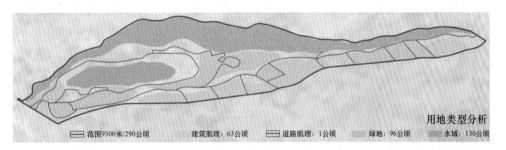

图 5-1-33　用地类型分析

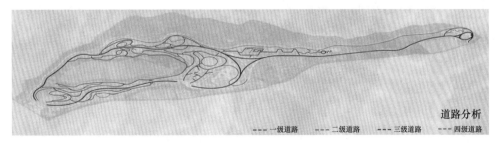

图 5-1-34　交通布局图

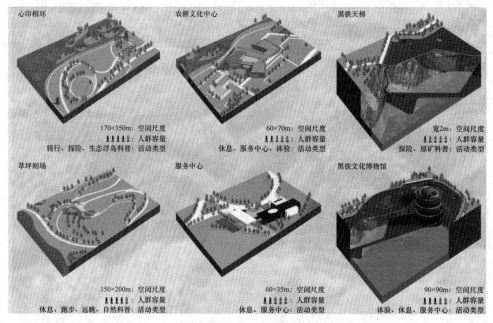

图 5-1-35 空间营造

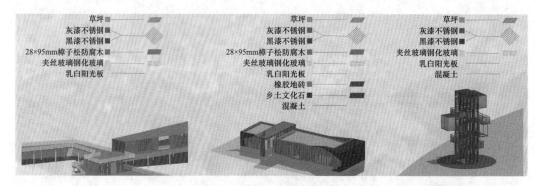

图 5-1-36 材料运用图

土壤修复

化学淋洗技术指利用淋洗液或化学助剂与土壤中的污染物结合，并通过淋洗液的解吸、螯合、溶解或固定等化学作用，使吸附或固定在土壤颗粒上的污染物脱附、溶解而去除的技术。

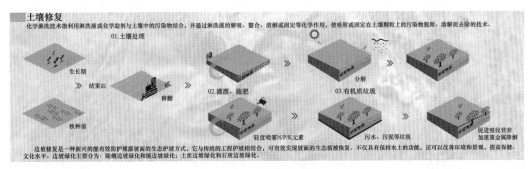

边坡修复是一种新兴的能有效防护裸露坡面的生态护坡方式，它与传统的工程护坡相结合，可有效实现坡面的生态植被恢复。不仅具有保水土的功能，还可以改善环境和景观，提高保健、文化水平。边坡绿化主要分为：陡峭边坡绿化和缓边坡绿化；土质边坡绿化和石质边坡绿化。

图 5-1-37　土壤修复图

01.河床生态修复设计技术

河床生态修复技术主要针对河道内部，在河床上构建筑物，如丁字坝等，改变河道水力条件，进而形成深潭和浅滩交替的地形特点，恢复底栖动物，构建河流健康的食物链，形成河道食物网，丰富河道及周边的生物多样性。蛇形河道河床生态修复工程是在河道生态修复的基础上，根据流体力学的一般规律，构建深潭与浅滩共存的河床地形。河流弯曲的外侧受河水冲刷，适宜设置结构较牢固的深潭结构，弯道内侧河水流速缓慢，易形成回旋的涡流，宜设置浅滩结构。

02.生态浮岛

生态浮岛技术在潮汐、水库的水体净化方面已经有较为广泛的应用，实践证明，这种新兴的污水处理技术在改善水质的同时具有美化景观、消减护岸、提供生物的生息空间以及收获农产品等价值，具有良好的应用前景。当前关于浮岛技术的研究多集中在宏观方面，然而微生物在水体净化中也起着十分重要的作用。在浮岛系统中创建适宜硝化菌和反硝化菌生长的微环境，并通过细菌的固定化和提供反硝化碳源的方式可以大大强化其脱氮除磷效果。

生态浮岛种类及结构组成

浮岛种类	干式浮岛		湿式浮岛			
构建方式	一体式	组合式	无框架式		有框架式	
栽培载体	培养基容器加混凝土载体	浮筒和培养基容器加混凝土载体	椰子纤维纺织网	植物根茎牵连	合成纤维及合成树脂	聚苯乙烯泡沫板或塑料加PVC管框架	竹木加PVC管框架

适用于研究场地的乡土水生植物：荷花、芦苇、香蒲、千屈菜、水生鸢尾

图 5-1-38　水系修复图

植被修复

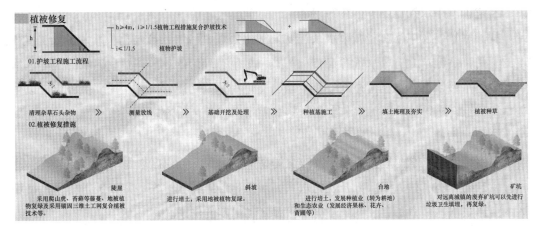

图 5-1-39　植被修复图

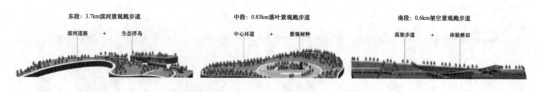

东段: 3.7km滨河景观跑步道　　　中段: 0.83km落叶景观跑步道　　　南段: 0.6km架空景观跑步道

滨河道路　+　生态浮岛　　　中心环道　+　景观树种　　　高架步道　+　体验耕田

图 5-1-40　健康步道设计图

5.2　滨水景观

5.2.1　设计建议

1. 滨水景观价值

现代城市滨水景观在整个景观学各类设计中无疑是最综合、最复杂，也是最富有挑战性的一类，因为它涉及的内容广泛，包括陆地上和水里的，还有水陆交接地带和濒河（湖）湿地类，与"景观场地规划"和"生态景观学"关系非常密切，而这两门学问正是现代景观学内容中的核心内容。同时，城市滨水景观带又是最能引起城市居民兴趣的地方，因为"滨（沿）水地带"对于人类有着一种内在的、与生俱来的持久吸引力。

类型	功能活动类型	景观形态	环境生态组成	五大功能
江岸、河岸	娱乐、休闲、观演、购物、通行旅游	带状空间、围合性弱、视域宽广，兼具人工因素与自然因素	水体、堤岸、植物、人行道车道、建筑	生态廊道、遗产廊道、绿色休闲通道、城市景观界面、城市生活的界面

2. 我国城市水景建设中存在的问题

我国水景建设中存在着城市水系过度人工化处理，居住区等人工水景大多只注重视觉上的享受，贪全求大造成水资源浪费和污染，对生态理念的片面理解和追求的问题。水系设计应还水系以自然本色，并加强其生态、文化和休闲功能，应慎用工程措施。应以生态为主线，综合环境保护、休闲、文化及感知需求进行设计与治理。

3. 设计类型

自然原生型：水源地，人工开发较少的湖泊、河流、近海区域等。

生态防护型：被人工部分开发的水系，对某地域维持其生态稳定至关重要，是指城区内的河道滨水地带，具有改良城市空气、湿度和温度的作用。

环境观赏型：城区内一般性的河道滨水地区，如城市快速路旁的滨水区域，因河道两侧用地面积有限，人口不很密集，主要发挥其绿化环境和观赏的作用。

生活游憩型：主要指城市重要繁华地段的滨水区（包括滨水公园）、居住区的滨水地段、历史街区的临水面等，是整个城市水景的精华。

4.设计原则

生态化原则：具体体现在恢复河道及滨水地带的自然形态；保护和恢复湿地系统的可持续利用；人造湿地系统处理；污水应用综合生态技术保持；景观水体的清洁、景观中雨水和中水的利用。

文脉原则：保护和发掘水文化，注重现代与传统的交流、互动，人在与水打交道的过程中创造了水文化，这种文化深深地根植于民族文化和人类文化之中，它是不同民族对于水不同的理解、描述、感受、使用和治理过程在人类文化中的体现，小到日常生活的用水方式，大到整个民族对水的图腾的崇拜。水是生命的源泉，水文化反映了人类发展的全部内容。

亲水原则：实现亲水性的有效途径主要有三个方面。第一，驳岸是滨水环境中陆地和水体的连接部分，是景观亲水性能否充分实现的重要途径之一；第二，在人工设计的滨水景观中，往往可以根据滨水景观的类型以及各个年龄段游人的需求设置小品，如亲水座椅、亲水雕塑、汀步、景观绿化等。在亲水小品形态的设计上，可以根据地方历史和人文特色进行设计，或运用具有地方特色的设计元素对其进行装饰；第三，适当地把水体引到岸上来，如浅水池、叠水等与水体相呼应的元素，形成一个可以使游人与水体充分互动的滨水开放空间。

5.设计要点

清晰合理的景观结构是滨水绿地设计中最为重要的也是最基本的要求。

滨河空间侧面临水，空间开阔，环境优美，是城镇居民旅游休憩的地方。如果水面不十分宽阔，对岸又无风景时，可以布置得较为简单，临水一侧修筑游步道，种植成行树木，驳岸地段可设置栏杆，树间设安全座椅。

若水面宽阔，沿岸风光绮丽，对岸风景点较多，沿水边就应设置较宽阔的绿化地带，布置景观设施。游步道应尽量靠近水边，在可以观看风景的地方设计小型广场或凸出岸边的平台。在水位较低的地方，可设计成两层平台，在水位较稳定的地方，驳岸应尽可能砌筑得低一些，满足人们的亲水需求。

在具有天然坡岸的地方，采用自然式布置游步道和树木，凡未铺装的地面都应种植灌木或铺栽草皮。如果水面开阔，适于开展游泳、划船等活动时，在夏天和节假日会吸引大量的游人。这种地方应设计成滨河公园。

树木不宜种得过于闭塞，林冠线也要富于变化。在低湿的河岸上或一定时期水位可能上涨的水边，应特别注意选择能适应水湿和耐盐碱的树种。滨河路的绿化，除有遮荫功能外，有时还具有防浪、固堤、护坡的作用。斜坡上要种植草皮，以免水土流失，也可起到美化作用。游步道与车行道之间应用绿化带隔离开来，以保证游览环境的安静和安全。

5.2.2 杜营河滨水空间设计

1.前期分析

（1）区位分析

杜营河道位于文登区，文登区位于山东半岛东部，是山东省威海市的一个市辖区，中国最具竞争力百强县之一，属大陆性季风气候，总面积1645平方千米。项目地位于文登市文登营镇，老城区以东、天福山森林公园以西松山水库至虎山路段，西段北部为文登营古镇，中段南部为开发区新行政服务中心。

（2）现状分析

项目地北岸主要为散布村落，南岸主要为自然山体，上游为松山水库，作为水源地，水质较好，水资源丰富；水库周围山体形态起伏跌宕，为探险创新设计提供最大可能。

河道现状淤塞，枯水期水流干涸，丰水期局部地段积水，整体河流不通畅，河道两岸植被除山体松柏，大多为果树，植物种类较为单一。

河道下游村落密集，且多为当地的民居建筑，村镇规划整齐划一，颇具当地特点，可考虑适当地保留规划形态并加以改造，形成具有地域特色的古镇游览区。

（3）文化内涵

各种片段和形态的设计目的是创造人们可参与和体验的景观环境，起伏的界面和景观元素的空间组合形成极富动感和韵律的流线，营造具有活力的空间交替变化。融合景观与文化，赋予场地生态性功能，为市民提供身心放松、亲近自然的休闲场所。河流、文化、复兴成为规划设计的关键词，河道系统与城市用地的有机编织，开启了城市复兴之门。根据用地现状和资源保护与利用的有关要求，杜营河河道景观共分为五个分区：云影芳踪、碧波韵城、曲水云堤、湖光清影、林泉雅致。

2.设计定位与构思

编织陡河两岸城市功能与网络，连接城市各公共开放空间系统，优化改造水岸空间形态，为市民创造出一个富有魅力的蓝色客厅，重温久远的唐溪故事，尽享溪畔风情。河流、文化、复兴成为本次规划设计的关键词。河道系统与城市用地的有机编织，开启了城市复兴之门。

3.设计策略与方法

（1）设计策略

一条滨水景观带：自东北向西南贯穿，由水而带动两岸绿化带景观；

两大分区：由三条贯通南北的干道自然划分为两大区。

16大景观节点：结合总体规划和周围环境风土人情，从功能和艺术性相结合的角度，设计出 16 个具有代表性和特色的景观节点。

（2）道路组织

采用沿水系的单一方向布置主要园区道路系统，并通过这一规划主体结构来组织园区的所有功能空间块。

园区内的所有主体功能空间均以沿水系串联的方式布置，园区主要道路系统通过穿越和衔接等方式将这些不同性质的功能块串联起来，构成园区基本的空间组织构架。

城市主干路为城市规划道路；主要车行道宽为 12 米，是整个河道的行车风景线；滨河大堤为游人游览的主要路线，满足人行和自行车行，宽度为 6 米；园路为详细分区的游步道，宽度控制在 1.5～3 米不等，根据景观功能分区的需求进行详细的设计。

滨水主路采用彩色沥青铺装路面，主要用于自行车骑行和游人跑步，设计时适当增加路面的弹性，并设计不同的颜色，突出体现安全性和艺术性。设计时还应考虑局部增加一定的坡道，增加骑行和跑步的乐趣。

（3）广场设计

在河岸的人流集中与河流景观点的交会处设置场所，根据地理位置和周围环境的不同，设计时应赋予这些场所不同的功能性，并为其设计与之相适应的艺术形式，从而形成不同的广场空间。这些广场空间的形成是多样化的：有园路进入交会处产生的直接性广场；有广场与园路由形态的相似性产生的融合空间；不同的空间形态与园路以矛盾体的形式相融合，产生异质性，形成的突变；园路融入广场，顺应形态，形成的渐变性空间。广场设计分为：

入口广场：主要位于分段路道与滨河景观带的交点处，人流辗转集散为主要功能，具有标志性和可辨识性。

活动广场：主要位于河道北岸，靠近居住空间，地形平坦，人群易于聚集。

主题文化广场：位于重要节点处，体现一定的特色地域文化性。

水上娱乐广场：重要的滨水体验空间，加入不同体验空间，融入滨水休闲、交流、亲水等多种功能性。

该河道两岸高差较大，河道的北岸地形比较平坦，多人造空间，多亲水和游览体验空间；南岸的地形比较复杂，依托地形，有针对性地进行改造，并加以设计提升，将人参与的空间融入自然地形中。

（4）标识设计

景区标识系统的设计制作应遵循绿色环保设计理念。

景区标识系统的设计制作要以新的标准重新考虑人、器物与环境的相互关系。将"物"纳入"人—机—环境"系统中进行最优化的设计，也就是景区标识系统设计要以"游客—标识—景区"为核心来设计制作，使之不断健全和优化。

景区标识系统设计应以景区游客的行为方式，视觉流程特点为切入点，结合功能要求、环境特点来进行创意，并在具体操作手段和技术上付诸实践。

首先在色彩、造型方面应充分考虑景区环境特点，选择符合其功能、图文并茂的设计，进行（大小、高低、长短、粗细、明暗、温暖、轻重等）界定空间元素的创意、整合，通过恰当的色调、图形、材料来把握景区环境与标识（牌）信息传达的一致性。

其次在文字内容上要简明扼要，景区标识系统设置的本质就是将景区信息的科学性、艺术性通过图形、图表表现出来，让其更加形象化、工具化。追求"少"即是"多"，即简洁、科学、理性，且采用标准化文字、图示，达到能与国际接轨的目标。

景区标识所用的材料十分丰富，不同的材料质地给人以不同的触感、联想和审美情趣。如：木材、竹材具有朴素无华的本质，很容易与自然环境协调；人造或天然石材给人以色彩稳重，具有现代感和便于清洁与管理的感受，很受欢迎；金属材料具有婉畅、优雅、古典的美，尤其是一些新的合金材料，因具有轻便耐用，便于大规模生产与安装的特性，而成为标识制作的主流材料。

以上项目设计参见图 5-2-1 ～图 5-2-34。

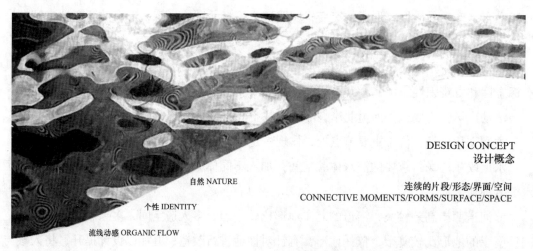

DESIGN CONCEPT
设计概念

自然 NATURE

连续的片段/形态/界面/空间
CONNECTIVE MOMENTS/FORMS/SURFACE/SPACE

个性 IDENTITY

流线动感 ORGANIC FLOW

空间交替 FLUIDITY OF SPACE

>各种片段和形态的设计目的是创造人们可参与和体验的景观环境
>起伏的界面和景观元素的空间组合形成极富动感和韵律的
　流线，营造具有活力的空间交替变化。

图 5-2-1　设计概念

PROJECT VISION
项目愿景

安全 SAFETY

生态 ECOLOGICAL

亲水 HYDROPHILIC

地域文化 REGIONAL CULTURE

自然与生态并重/物质与文化共融/人与自然和谐共处
NATURAL&ECOLOGICAL ICAL/METERIAL/CULTURE/MAN&NATURE

以基地现状和周边城市发展态势为依据

打造一条绿色滨水廊道

融合景观于文化的现代滨水公园

与周边河道形成差异化和互补发展

赋予场地生态性功能，为市民提供一个身心放松、亲近自然的休闲场所

图 5-2-2　设计愿景

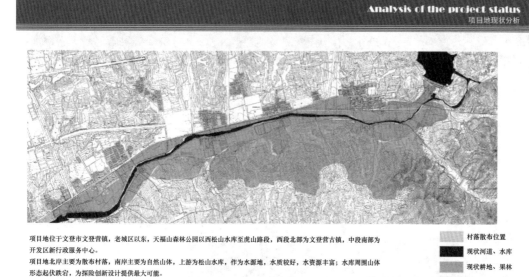

项目地位于文登市文登营镇，老城区以东，天福山森林公园以西松山水库至虎山路段，西段北部为文登营古镇，中段南部为
开发区新行政服务中心。

项目地北岸主要为散布村落，南岸主要为自然山体，上游为松山水库，作为水源地，水质较好，水资源丰富；水库周围山体
形态起伏跌宕，为探险创新设计提供最大可能。

河道现状淤塞，枯水期水流干涸，丰水期局部地段积水，整体河流不通畅，河道两岸植被除山体松柏，大多为果树，植物种
类较为单一。

河道下游村落密集，且多为当地的民居建筑，整荆划一的村镇规划，基规划也颇具当地特点，可考虑适当的保留规划形态并
加以改造，形成具有地域特色的古镇浏览区。

村落散布位置

现状河道、水库

现状耕地、果林

山体

图 5-2-3　项目地现状分析

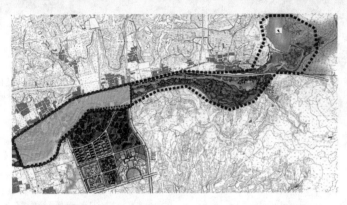

Overall planning
总体规划

········· 河道总体规划范围

░░░░░ 一期规划范围

文登市杜营河河道景观规划设计项目位于山东省威海市文登区，整体规划范围从虎山路至松山水库，全长6.9公里；

本次规划范围为东起福海东路，西至虎山路，南起双顶山，北至新南七线，规划河道总长2.66公里，规划流域面积527307平方米。

方案基本结构以两条主要滨水游赏步道为框架，贯穿山水、林岛、绿地、广场、主题建筑、极限运动场地等，在基沿线组织出不同的生态景观，在山与水的相互交叉、林与岛的融合、绿地与广场连接中，创造出自然与现代结合的空间形态。

图 5-2-4　总体规划

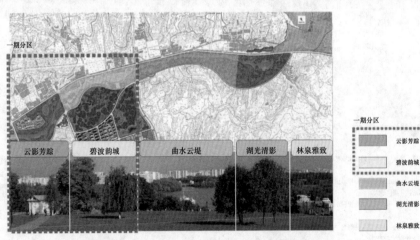

General plan zoning
总图分区

一期分区

| 云影芳踪 | 碧波韵城 | 曲水云堤 | 湖光清影 | 林泉雅致 |

一期分区

云影芳踪

碧波韵城

曲水云堤

湖光清影

林泉雅致

根据用地现状和资源保护与利用的有关要求，杜营河河道景观共分为五个分区：云影芳踪、碧波韵城、曲水云堤、湖光清影、林泉雅致。

本次杜营河河道一期详细景观规划设计分区为云影芳踪、碧波韵城两个分区。

图 5-2-5　总体分区

THE OVERALL DESIGN
一期总平面图

- 西入口主题广场
- 虎山路桥
- 台地景观
- 亲水平台
- 彩色花架
- 滨水长廊
- 台地景观
- 观景建筑
- 滨水大道
- 临水道路
- 特色地形
- 极限体验中心
- 篮球场
- 下沉广场
- 文登营博物馆
- 非遗文化博物馆
- 滨水广场
- 文化广场
- 入口小广场
- 跨河大桥
- 涌泉广场
- 林荫广场
- 观景休闲广场
- 台地景观
- 观景塔
- 空中走廊
- 生态岛
- 叠水景观
- 空中步梯
- 流水广场
- 主题广场
- 九曲桥
- 篮球运动场
- 滨水台地
- 葫芦岛
- 台地花田
- 花田走廊
- 儿童活动场
- 滨水栈台
- 网球场
- 临水观景建筑
- 叶子活动广场
- 海之韵广场
- 林中休闲空间
- 叠水景观
- 微地形景观
- 雕塑展厅
- 雕塑广场
- 滨水平台
- 停车场
- 空中观景长廊
- 码头
- 观景建筑
- 跨河大桥
- 特色地形

图 5-2-6　总平面图

Space Analytic Hierarchy
空间层次分析

景观段落——2个

景观区位——4个

景观组团节点——16

景观个体细胞——多

图 5-2-7　空间层次分析

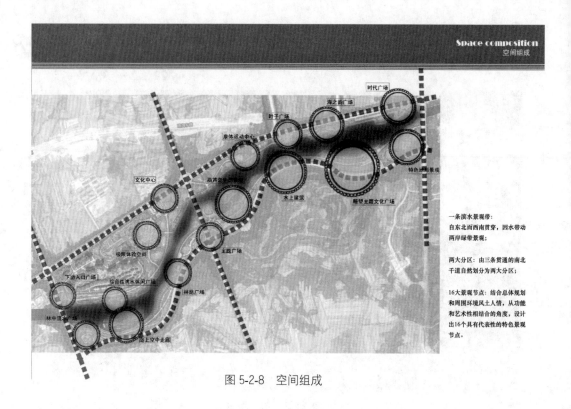

一条滨水景观带：
自东北面西南贯穿，因水带动两岸绿带景观；

两大分区：由三条贯通的南北千道自然划分为两大分区；

16大景观节点：结合总体规划和周围环境风土人情，从功能和艺术性相结合的角度，设计出16个具有代表性的特色景观节点。

图 5-2-8　空间组成

采用沿水系的单一方向布置主要园区道路系统，并通过这一规划主体结构来组织园区的所有功能空间块。

园区内的所有主体功能空间均以沿水系串联的方式布置，园区主要道路系统通过穿越和衔接等方式将这些不同性质的功能块串联起来，构成园区基本的空间组织构架。

图 5-2-9　道路空间组织

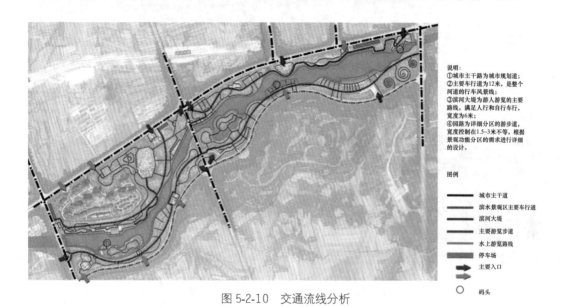

The Traffic Flow Chart
交通流线图

说明：
①城市主干路为城市规划道；
②主要车行道为12米，是整个河道的行车风景线；
③滨河大堤为游人游览的主要路线，满足人行和自行车行，宽度为6米；
④园路为详细分区的游步道，宽度控制在1.5~3米不等，根据景观功能分区的需求进行详细的设计。

图例

━━━━ 城市主干道
━━━━ 滨水景观区主要车行道
━━━━ 滨河大堤
━━━━ 主要游览步道
━━━━ 水上游览路线
▨▨▨ 停车场
➤ 主要入口
⇨ 次要入口
○ 码头

图 5-2-10　交通流线分析

Square & Workplace Relations
广场与场所的关系

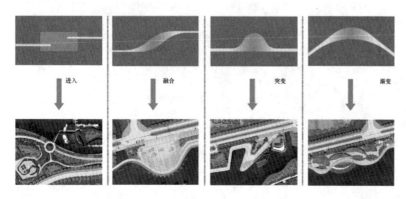

进入　　融合　　突变　　渐变

在河岸的人流涌动与河流景观点的交汇处设置场所，根据地理位置和周围环境的不同，设计赋予这些场所不同的功能性，并为其设计与之相适应的艺术形式，从而形成不同的广场空间。

这些广场空间的形成是多样化的；

有园路进入交汇产生的直接性广场；

有广场与园路由形态的相似性产生融合空间；

不同的空间形态与园路以矛盾体的形式相融合，产生异质性，形成突变；

园路融入广场，顺应形态，形成渐变性空间。

▨▨ 园区道路
▨▨ 广场

图 5-2-11　广场与场所关系

图 5-2-12　广场分析

入口广场:
主要位于分段路道与滨河景观带的交点处, 人流银转集散为主要功能性, 具有标志性和可辨识性。

运动活动广场:
主要位于河道北岸, 靠近居住空间, 地形平坦, 人群易于聚集。

主题文化广场:
位于重要节点处, 体现一定的特色地域文化性

水上娱乐广场:
重要的滨水体验空间, 加入不同体验空间, 融入滨水休闲, 交流, 亲水等多种功能性。

图 5-2-13　视线分析图

主要节点

景观视线通廊

景观视线

视线面域

水面

竖向设计：
该河道两岸高差较大，河道的北岸地形比较平坦，南岸多山体，地形复杂；北岸多人工化空间，多亲水和游览体验空间；南岸的地形比较复杂，依托地形，有针对性的进行改造，并加以设计提升，将人参与性的空间融入自然地形中。

 58.65 标高设计

图 5-2-14　竖向设计图

图 5-2-15　鸟瞰图

标注平面图

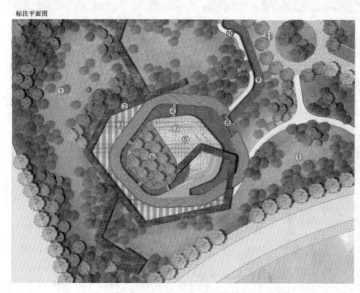

① 微地形景观
② 空中走廊
③ 围合广场
④ 广场跌水水池
⑤ 流水广场
⑥ 树阵广场
⑦ 字母小雕塑
⑧ 跌水
⑨ 溪流景观
⑩ 临溪小路
⑪ 环岛广场

图 5-2-16　流水广场平面图

效果表现

图 5-2-17　流水广场效果图

效果表现

图 5-2-18　亲水广场效果图①

效果表现

图 5-2-19　亲水广场效果图②

效果表现

图 5-2-20   极限运动场效果图①

效果表现

图 5-2-21   极限运动场效果图②

效果表现

图 5-2-22 观景塔

C—C剖面图

图 5-2-23 剖面图

鸟瞰图

图 5-2-24 主题广场效果图

效果表现

图 5-2-25 观景建筑效果图

效果表现

图 5-2-26 海之韵广场效果图

效果表现

图 5-2-27 葫芦岛效果图

Times Square
时代广场效果图

效果表现

图 5-2-28　时代广场效果图①

Times Square
时代广场效果图

效果表现

图 5-2-29　时代广场效果图②

鸟瞰构图

图 5-2-30 时代广场效果图③

效果表现

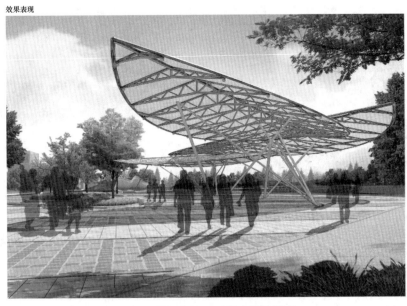

图 5-2-31 叶子广场效果图

效果表现

图 5-2-32　台地花田①

效果表现

图 5-2-33　台地花田②

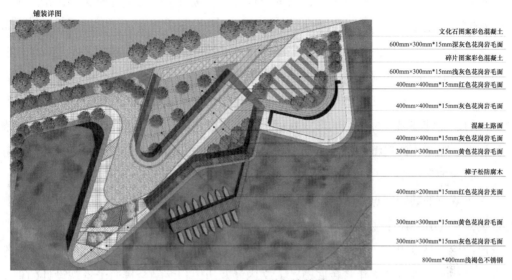

铺装详图

Times Square
时代广场节点详图

文化石图案彩色混凝土
600mm×300mm*15mm深灰色花岗岩毛面
碎片图案彩色混凝土
600mm×300mm*15mm浅灰色花岗岩毛面
400mm×400mm*15mm红色花岗岩毛面

400mm×400mm*15mm灰色花岗岩毛面

混凝土路面
400mm×400mm*15mm灰色花岗岩毛面
300mm×300mm*15mm黄色花岗岩毛面

樟子松防腐木

400mm×200mm*15mm红色花岗岩光面

300mm×300mm*15mm黄色花岗岩毛面
300mm×300mm*15mm灰色花岗岩毛面

800mm*400mm浅褐色不锈钢

图 5-2-34   现代广场铺装详图

5.3 校园景观

5.3.1 设计建议

高校是孕育文化、激发创造的摇篮，作为师生日常生活学习的主要场所，良好的人文环境及完善的设施是一个高校应具备的条件，是师生更投入地进行教与学的前提，基于学校文化及特色营造的空间能更好地为师生创造交流学习条件并为学校创造标志性空间。

沈阳建筑大学的稻田景观，占地 21 公顷，于 2004 年建成，这是一个用水稻等农作物和当地野草，用最经济的材料来改善校园环境的案例，景观中应用了大量的水稻和庄稼，每年组织学生进行播种收获，增强了参与性，并通过旧材料的再利用，让师生对庄稼、野草和校园有一个新的认识；中国美术学院转塘镇的象山校区，校区周围青山绿水，建筑面积 6.4 万平方米。校区总体规划十分注重校园整体环境的意境营造和生态环境保护，借鉴中西方大学校园的发展模式，创造了一个功能分区合理多样，融建筑、空间、景观绿化、自然环境于一体的总体布局，真正建成了符合教育旅游要求的景观式、开放式的校园环境。校区总体布置从地势和环境特点出发，遵循简洁、高效的原则，合理利用自然条件，结合传统历史文化，并充分考虑了未来发展的可变性、整体性。美国达特茅斯学院的舍堂活动中心是设计师在对达特茅斯学院住宿模式进行为期两年的研究后设计出的，它营造了如"起居室"一般的校园活动空间，新的设计进一步提升了住宿生的归属感，增进了同学间的友谊，增设了额外的公共活动区域，并通过各种非正式舍堂活动促进了深入的学术交流；麻省艺术与设计学院宿舍楼前小广场的设计，旨在营造有着强烈的艺术表现性同时又有亲密氛围的场所。座椅通过凹凸的平面和起伏的剖面，灵活地将整个区域划分出适合独处、小组聚会以及班级活动的空间。师生们无论是站在景观中还是从宿舍楼上都可以看到区域内的地面铺装以一种独特的形式对附近的植被和座椅上的彩色光带做出的回应。设计时将灯光、雕塑化的造型和常青植物结合起来，让景观在四季中的每时每刻都美美地静候着学生们的到来。

这些案例的共同特点是重视空间的多样性，为人们提供可视性、可达性以及可参与性的景观，并充分利用了场地自然条件，结合当地历史文化，创造出了独具特色的、标志性的场地设计。马克思在《德意志意识形态》中写道："人创造环境，环境也创造人。"把高校自身特有的、浓厚的文化特色底蕴、人文内涵及历史积淀融会贯通于景观设计的理念当中，可以使学生从中接受美的熏陶和启迪。它可以潜移默化地完善学生的性情，提高学生的审美感受和创造美的能力。

5.3.2　某艺术院校校园生活区景观

1. 前期分析

（1）场地位置

场地位于山东济南艺术院校的宿舍生活区内，场地北部群山环绕，西部有作为师生主出入口之一的西校门；南部、东部为学生宿舍楼及食堂；两条校园主干道于场地东南部交会。场地总占地面积约为 3.6 万平方米，景观设计面积占 2.6 万平方米，改造前场地分为停车场和荒废树林两部分，功能较单一且有大片区域未被充分利用。

（2）使用人群

基于行为学理论，人们在公共空间中的活动分为三类——必要性活动、自发性活动和社会性活动，每种活动都需要相应的空间来维持它的发展与进行。改造前的场地分为东区、西区两个区域，通过考察特定地点发生的活动类型、行为特点，发现景观环境中所存在的问题，并调查分析广场中各类设施的利用状况，明确场地中进行的活动并作出调整。

考察发现，东区、西区在上下课时间主要是学生与教职工的穿行人流，以必要性活动为主，呈现动态运动特征，对停留活动的干扰较大。这种现象不只集中出现在上下课时间，考虑到通往食堂、宿舍、快递取件处的人流量很大，设计过程中给予场地简洁、顺畅的线形规划和足够的空间容量，进行了适当的动静分离。学校、社会机构、学生社团在此举办的大型活动属于社会性活动，包括学生会、社团纳新、跳蚤市场、活动报名等，虽然发生频率小，但需要的场地大。学生团体进行的小聚会、小活动为自发性活动，其特点是频率高，时间不集中且较分散。学生的户外学习为自发性活动，包括读书、看书、英语角等，其特点是频率高，在空间上分布较为集中、持续时间较长、场地占用率高。

（3）设施情况

设施目前主要分布在场地的西部、南部及绿地与铺地交界处，其中休息停留、停车设施主要集中在西区，被褥晾晒设施主要集中在东部，健身设施主要集中在两区交界处。

调研发现，改造地块部分属性更趋向于无明确边界的反空间而非具有特定功能的空间，明确边界的缺失也导致了失落空间的产生，同时场地内各设施分区不明确，功能空间交错，空间开放性单一，人们感到不安全，不愿在此处停留，从而设施逐渐荒废，空间没有人气，渐渐荒废是整个场地的发展趋势。

（4）影响场地的使用因素

①气候条件：夏季气候炎热干旱，早晚在此地逗留的人较多，植被分布状况对人群分布起决定性作用。冬季气候寒冷风大，活动人群较少，只是在天气晴好时聚集的人较多，中午到此地逗留的人居多。春秋两季气候温和，场地人口在一天内分布趋于均匀。

②时间条件：每天中午、下午逗留人数居多，早晚人少。一周中周一到周五人口分布较平均，周六、周日相对较低。纵观整个学期，新学期伊始因办网等活动人流急剧增多，学期考试结束封校人流量达到最低值。

③设施水平：场地内部设施以健身设施及停车设施为主，但设施并未进行后期维护，交往与空间理论表明，人们往往首先寻找适合自己的活动场所，并依附某种固定设施而聚集起来。可见设施的配置状况及配置位置直接影响人们的选择结果，设施分布在某种意义上决定了在其附近活动的人员聚集水平的高低。

④植被特征：植被覆盖好的地方及高大乔木下面人数较多。但改造场地中硬质铺装面积较大，建议从人的行为特征入手，改变绿化配置，营造适宜的小气候，通过植物分割出多样性空间，同时主要节点周围种植易识别的标志性植物，使人对环境产生熟悉感。

⑤集会活动：集会活动虽然发生频率低，但能在短时间内聚集大量人员，这些附加的人群对场地有限的使用空间及已存在的使用者而言影响是很大的，需要引起足够重视。

（5）场地存在问题

①植物种类及季相单一，搭配不当。由于没有可以遮风的树木配置，局部小气候恶劣，导致行人停留时间短暂。行道树为梧桐，夏季常分泌白絮和黑油点污染路面影响人的正常行走路线，既不美观，遮阴能力也较弱；隔离带灌木形式品种单一，观赏性差，间距密集，影响景观效果；场地内部树种以杨树为主，春季杨絮飘飞，且树种易染病虫害并不适合作为活动场地内部主要树种；场地北部区域为荒废草坡，缺乏后期维护，杂草泛滥，

且堆积了大量建筑垃圾，空间不能得到充分利用。

②场地空间大而不当，缺少合理划分，没有为人群提供合理聚集场地，缺乏停留感。动静无分隔，缺少隔离，活动举办与安静休息场地冲突；空间划分不合理，活动举办区域与主要交通道路冲突，举办活动经常造成人群滞留，导致场地内部交通堵塞；交通道路组织不清晰，场地内无明确人行道，未开辟合理目的地路线，并未形成完善交通系统。

③场地内设施分布散乱且不完善。路灯主要分布于道路一侧，光亮度较弱且未顾及场地内部照明，部分路段路灯间隔过大，照明范围不全面，导致整个场地较为昏暗，夜晚缺乏安全性；垃圾桶主要设于路灯旁及场地主要出入口处，无垃圾集中处理区域，且未考虑垃圾的主要来源——宿舍生活区域，每天大量垃圾直接堆积于道路一侧，占用人行道且十分影响校容；停车区域占地面积大，停车空间与周围空间交接混乱，且不临近宿舍入口区，致使停车杂乱，并有大量废弃车辆，部分学生为用车方便将车辆直接停靠于路侧，占用通行道路；健身设施因季节原因及后期维修不及时几乎都处于无人使用的荒废状态，破坏景观美观性的同时，占用了不必要的空间；座椅杂乱分布于自行车棚间，与停车空间无明显界限，没有形成特定半开放或半私密空间，并不能给人们带来舒适的交流空间；晾衣绳分布于树林中间及停车棚区域，纵横交错，十分混乱，部分晾衣绳直接拦在正常行进路线上，在夜晚对学生造成极大的安全隐患，且因为分布不合理，离宿舍区较远，时常出现被子丢失情况。

2. 设计主题与理念

综合以上场地调查现状及问题并结合校园文化确定设计主题——"和合"，"和"指和谐、和平、祥和；"合"指结合、合作、融合。结合艺术设计院校的特征表达"和实生物，同则不继"的主题思想，意为实现了和谐，则万物能够生长发育，如果所有事物完全相同一致，则无法发展、继续，强调"和而不同"是对"和合"最好的诠释。

设计愿景上希望"和合"表现于两个方面：一是"天人合一"，指人与自然关系的和谐；二是"中庸"，指人际关系，即人与人、人与社会关系的和谐。

设计理念上围绕着创造、分享、合作这三个主题去打造一系列的交流空间。

3. 设计策略与方法

（1）设计策略

对场地进行"一并四分"，将设计区域内由一条车行道分离的两块主要场地进行合并，将在主要人行路线上对学生安全造成隐患的车行道移至场地的西侧，通过主要构筑物"十字廊"，将场地分成了四大块功能不同的区域，并取场地北侧一部分做建筑物"学生活动中心"，让整个场地功能变得多样的同时，利用场地自然条件，创造出有视觉层次和丰富度的立体化空间。

①空间营造：为学生生活而营造，以使用者的不同需求为基础，通过设计划分多样化

的主题活动空间，创造独具特色与功能互补的分区，满足交流活动与设计合作的需求。

②植物多样性：提高植物多样性，形成适宜小气候，增强植物整体序列感；增加灌木种类，加大灌木层次感。通过不同种类的植物配置增强植物季相性变化，四时景观演替，形成"三季有花，四季常绿"的优良生态景观。

③交通系统：丰富场地内部交通流线，创造多条便捷的路线通往行人目的地，设置自行车道，人车分流，道路与周边交通流线及地块自然融合，形成完整交通体系。

④构筑物：建造四大主题构筑物，呼应设计主题，起到丰富场地内部功能的作用并使之形成学校标志性构筑物。

（2）节点设计

树阵广场位于场地东南区域，临近两条校园主干道交叉路口，占地面积3350平方米。改造前场地形式单一，缺乏活力及互动性；规划后主要承担集会交流功能，为校园各类活动提供场地空间，广场上结合主题设计的折线座椅为标志性构筑物，有一定的形象展示作用，同时设置树下休息空间，提供休息座位的同时也避免了同学们践踏草坪，主要树种为法国梧桐，遮阴空间大，有较好的观赏效果。广场以硬质铺装为主，提供大量活动空间，绿化方面以片状绿化及树阵为主。

林间交流区位于场地西南区域，占地面积2700平方米。改造前为大面积荒废林地，仅有穿行路过及被褥晾晒功能。规划后内部交通流线清晰，道路将整体地块分为块状，沿路散布高低大小不一的折角座椅，以满足不同需求的人群使用；同时沿路划分有较大面积的木制铺装区域供人们集会玩耍；设施周边增添了感应照明设施，为夜晚使用的人群提供方便。该区域有较为集中的块状绿化，乔木灌木高度不一，有较强的层次感，植物将各类设施围合，使整体空间更为私密。

台地空间位于场地西北区域，北部有建筑（学生活动中心西区），整体占地面积为2400平方米。改造前整体地势较平整，层次不够丰富。改造后增加地形高差，局部地方形成台地景观，丰富景观层次；台地从建筑平台向外延伸依次降低，于主要遮阴树旁设置桌椅为人群户外停坐学习以及交流休息提供空间；同时个别台地面与树池结合，配植以大树冠孤植树提供树荫。空间整体为安静空间，绿化方面具有片状、点状集中绿地。

阶梯舞台区位于场地东北区域，北部有建筑（学生活动中心东区），整体占地面积为1500平方米。改造前功能单一，无明显分区。改造后西侧根据地势结合矮绿篱围合形成设木质铺装座椅的下沉式交流空间，东侧设大跨度的台阶提供户外阶梯舞台，营造了室外多人互动性空间，增设遮阳棚设施，与十字廊区域进行无缝衔接，形成完整交通流线。

十字廊墙位于场地中心位置，东西长约110米，南北约90米，将整个设计场地划分为四个不同功能的区域。廊墙自身宽2.5米，高3.5米，南北竖墙主要起交通及展览作用，东西横墙主要为各类活动提供空间。廊墙由长宽不一的单墙围合而成，材料主要为清水混凝土搭配以玻璃、镜面等材质，与周围环境相互渗透融合。

17栋、18栋宿舍区域位于场地南侧区域，整体占地面积为7850平方米。改造前场地树种严重遮挡宿舍低层光照，缺少照明路灯及停车位、晾衣杆等公共设施。改造后通过重新规划宿舍楼间空间安排，合理布置停车区域，使学生停车更加便捷，临街环境得到改善，同时增添生活设施，楼间中庭晾衣杆满足日常晾晒需求，楼侧增添路灯保障夜晚安全性。

19栋宿舍区域位于场地东侧区域，整体占地面积为3700平方米。改造前道路系统单一，缺少停留区域，私密性较低。改造后重新进行了道路规划，通过地形与植物围合创造了较私密的空间供前去洗澡的学生穿行；同时改善植物树种，丰富地被植物，合理改善地块小气候，降低内围乔木、灌木树高以避免遮挡宿舍阳光，外围创造部分微地形，与行道树结合增强空间隐私性。

食堂位于场地东南区域，整体占地面积为1500平方米。改造前道路系统较为单一，缺少便捷交通路线，场地植物季相性不强。规划后扩大食堂出入口停留平台面积，在保证学生正常通行的前提下增加了供工作人员停车装卸货物区域；增添道路出入口并丰富穿行方式以满足师生交通要求；搭配以丰富的植物，创造合理美观的街边小景。

学生活动中心位于设计地块北部，整体占地面积为792平方米，分东、西两区域，西部为安静学习区（480平方米），东部为讨论交流区（312平方米）。室内中庭搭配以竹类等植物及玻璃幕墙分隔空间；整体建筑结构采用钢结构，造型采用坡屋顶，依地势高低起伏，饰面材料结合清水混凝土与清水玻璃。整体建筑与周围环境风格一致，氛围优良。

（3）专项设计

①植物方面：结合北方环境特点，将常绿植物雪松、龙柏、大叶女贞、黄杨等作为整个植物系统的骨干树种，春、夏、冬三季布置不同习性不同高度的开花植物及灌木，穿插在植物结构中，四时景观演替，让观赏有持续性；更改了行道树树种，选用遮阴能力强且对人无不良影响的植物，提高植物多样性，形成适宜小气候；增强植物整体序列感。增加灌木品种，加大灌木层次感。清除场地内部杂草，分段绿化，增加绿化面积的同时完善了道路交通系统，增加了人行道、慢步道及绿化带。

②配套设施方面：场地照明部分依循节约、生态可持续原则，设置部分感应灯，总体平衡效果与用电总量，并考虑后期维护成本；节点区域根据功能不同，区别设计照明强度；围绕特色景点与区域设计特色夜景效果，让夜景成为场地特色之一。

铺装材料部分，主要选用玻璃（增加空间通透性）、清水混凝土（与整个学校建筑风格相统一）、镜面（视觉空间扩大并与自然环境相融合）。

垃圾处理部分，不同宿舍楼划分专属区域进行垃圾处理，重新规划垃圾桶位置并选择更合理形态及容量。

停车部分，各宿舍楼于就近位置设置停车专区，不再与其他功能区交错；改善车棚形态，增大车棚车容量。

停留部分，改善座椅外观形态，通过与设计主题结合的座椅设计赋予座椅多样化功能，提供灵活交流空间。

被褥晾晒部分，不同宿舍区域于光线良好的宿舍楼 U 型区域设置集中晾晒场地，提供晾衣杆等设施，在不影响光照的前提下改善植物配置。

设计尊重同学们的行为特点和习惯，创造有场所认同感和归属感的宿舍生活区，让校园的人文精神得以延伸。改造后的宿舍生活区不仅有了完善的交通系统，同时成为一个公共交流空间，供同学们日常学习生活使用。未来在这里可以开发很多不同的功能，比如展览、聚会等，这些将由同学们自己去发现探索和创造。

校园景观设计参见图 5-3-1 ～图 5-3-31。

图 5-3-1　位置

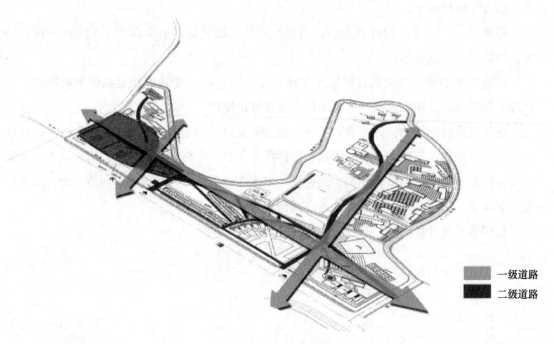

一级道路
二级道路

图 5-3-2　周边道路

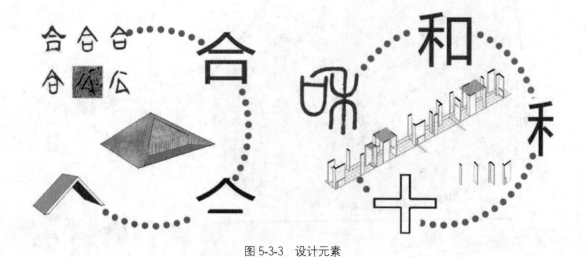

图 5-3-3　设计元素

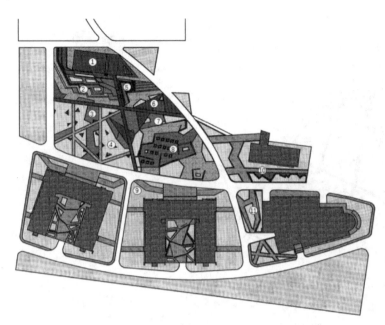

平面标注：
①学生活动中心
②户外台地广场
③木质铺装广场
④林间交流场地
⑤下沉空间
⑥遮阳棚
⑦集会广场
⑧树阵广场
⑨17、18栋宿舍区绿化
⑩19栋宿舍绿化
⑪食堂绿化

N

图 5-3-4　平面图

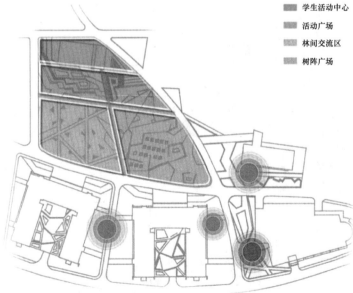

学生活动中心		楼间附属绿地
活动广场		食堂附属绿地
林间交流区		十字廊空间
树阵广场		

图 5-3-5　功能分区分析

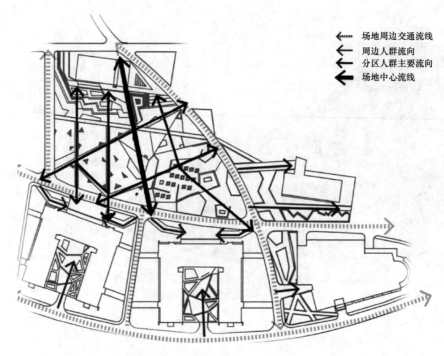

图 5-3-6　交通流线分析

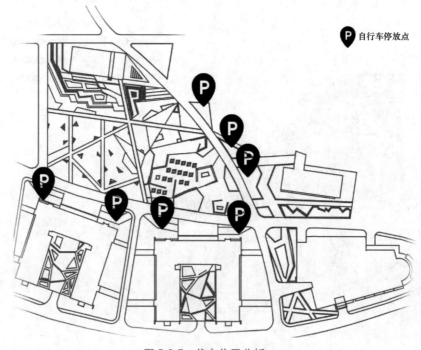

图 5-3-7　停车位置分析

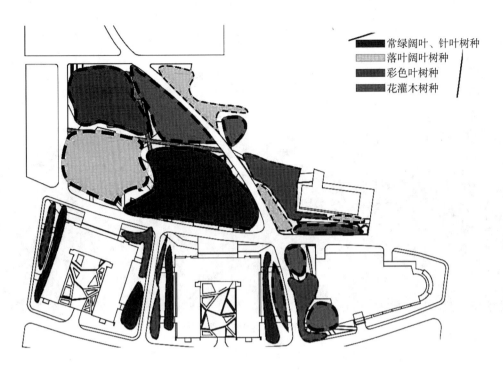

常绿阔叶、针叶树种
落叶阔叶树种
彩色叶树种
花灌木树种

图 5-3-8　植物设计

图 5-3-9　树阵广场区①

图 5-3-10 树阵广场区②

图 5-3-11 林间交流区①

图 5-3-12　林间交流区②

图 5-3-13　室外学习区①

图 5-3-14　室外学习区②

图 5-3-15　阶梯舞台区①

图 5-3-16 阶梯舞台区②

图 5-3-17 十字廊架①

冬　　　　　　　　　秋

春　　　　　　　　　夏

图 5-3-18　十字廊架②

图 5-3-19　17 栋宿舍区域

图 5-3-20　18 栋宿舍区域

图 5-3-21　19 栋宿舍区域　　　　　　　图 5-3-22　食堂区

图 5-3-23　学生活动中心

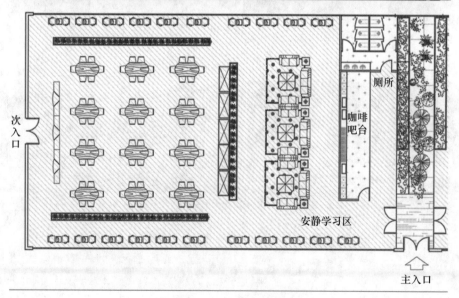

图 5-3-24　西部安静学习区

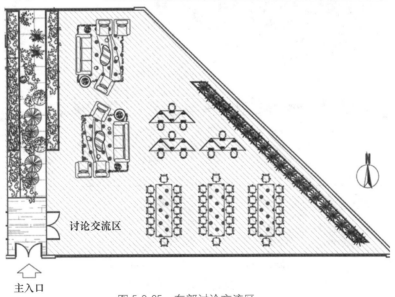

图 5-3-25 东部讨论交流区

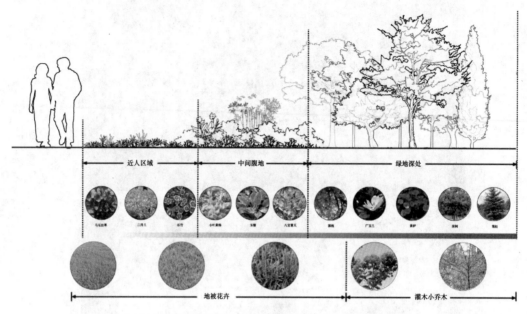

图 5-3-26　植物设计①

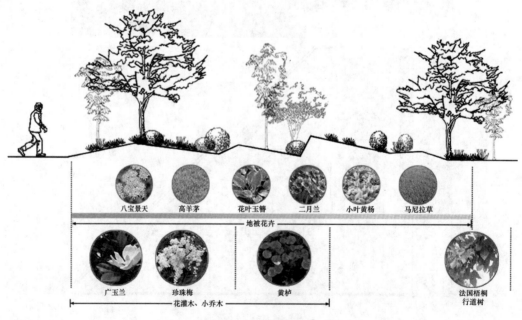

图 5-3-27　植物设计②

图 5-3-28　照明设计

图 5-3-29　座椅设计①

图 5-3-30　座椅设计②

图 5-3-31　座椅设计③

5.3.3 某艺术院校校园广场景观

1. 前期分析

（1）场地位置

设计场地为某艺术类院校的主入口广场，这是体现精神面貌与学校特色的重点区域，更是校园中人群相对集中的地区，也是展示学校风采、举行大型活动、教师办公以及给学生提供交流沟通空间等一系列功能于一体的场地。广场北部、西部为教学区和行政区，东部为图书馆及美术馆，南部为学校南门。

（2）使用人群

使用人群主要是在校师生以及工作人员（清洁人员、保卫人员等）。调查发现，坐着的场地使用者寥寥无几，若有，也主要是考研学习。弧形广场的水泥台阶冬季时表面非常寒冷，夏季时表面又炙热难耐，场地缺少一些能提供人与人相互交谈的空间。

（3）问题总结

场地位置围合性高，适合聚集人气。场地位于主入口处，具有明显中轴线。但是道路组织不合理，功能单一，学生使用率极低，地形上缺少变化。调查初步确定设计要解决的问题包括：创造学习交流互动空间，提供举行大型活动的硬质铺装区域，扩大雕塑尺度，增加地形起伏变化，优化现有道路，创造文化设施。

2. 设计理念及主题

（1）设计理念

创造互动交流且充满文化特色的校园空间，提高入口形象展示功能，提供活力互动空间，增加场地活力以及场地使用效率。利用设施丰富，传播校园文化。

（2）设计主题

以匠心为主题。天工开物，匠心独运。前之一句，言之生态；后之一句，所谓创新。合而当为智者（设计师）当为匠人，怀具匠心，创新中打造生态的设计。一如《考工记》所言"智者创物"而"巧者述之守之，世谓之工"。又有言："谁都感叹时光匆匆，匠心的精髓却是忘却时间。"设计的主题便是使场地通过具体功能设施对其有所体现，并使人们在参与过程中对其有所感悟。

3. 设计策略与方法

（1）设计策略

面对当前地块存在的活动形式单一，参与设施缺乏，不具备入口形象展示功能等问题，以匠心为理念，鲁班锁解构与重构为线索，对场地进行改造重建，使其成为人们在参与中体验匠心精神的充电站，打造特色景观。鲁班锁景雕成为入口视觉中心。通过鲁班锁解构成的花池、坐凳等能让人产生互动的小品，以突出主题；增加场地有关参与性的设施，靠近弧形台阶处设计供人休憩、停靠、聊天交流的树坑来增加场地互动；在美术馆周边利用废弃建材进行工业风的改造。

（2）节点设计

知风：位于入口空间，运用地形以及搭配地被形成缓坡，其上点植灌木以及听风装置。寓意听风知风解风向，身处设计院校的我们要经常了解新鲜事物。

校史墙：连接美术馆方向，利用地形设置较矮校史文化展示墙，展示校史。

书予林：利用保留现有银杏林景观，结合周边图书馆，联系诗句"书中自有黄金屋，书中自有颜如玉"。林间点植玉兰，玉兰有名颜如玉，银杏金叶如黄金。读坐其间，叶落书中，自成其境。同时玉兰与银杏在季节上互为补充，使场地观赏性更为丰富。

成愿池：打造许愿池功能的场地，但是为后期考虑，减少水的使用，采用枯山水形式，以石子代水，下置滤网；为丰富场地，使场地更为活泼，同时使人可以与之互动，添置小型活水，采用旱喷，如此用少量的水形成大面积活水景观。

方寸：打造学习空间，设置异形、阶梯形坐凳，孤植大乔，使方寸之地得一天地。

书池：孤植白蜡结合台地形成小范围的学习交流活动空间。

琢影：在多条路口汇集处设置和其他场地材质、地形都不同的节点，运用反光的不锈钢材质，寓意以匠人之心琢时光之影。

文期广场：保留原场地举行活动的功能，丰富场地，在铺装上进行丰富，铺装与植物结合，孤植高乔做背景，丛植冬季干枯后有一定体积的植物，如狗尾草、知风草等。

（3）鲁班锁景观

鲁班锁又称孔明锁，相传是三国时期诸葛孔明根据八卦玄学的原理所发明，曾广泛流传于民间。另一种说法是春秋时代鲁国工匠鲁班为了测试儿子是否聪明所发明。经后人研究，它其实起源于我国古代建筑中的榫卯结构。解构主义即为打破现有的单元化的秩序，然后创造更为合理的秩序，用分解的观念，强调打碎、叠加、重组。出于让鲁班锁的应用更为广泛、更贴合学生们的使用习惯的愿景，将鲁班锁这个整体解构成一个个单独的个体，更加简易，更加贴近现实，并与校园内随处可见的座椅与设施相结合。

将鲁班锁解构成十二种新的形式，并在凹陷处放置较为低矮的植物，尽量在保证其作为"座椅"的使用功能的同时增强其美观性，这也体现了以人为本的设计理念。解构出的座椅使用了防锈钢结构和镜面不锈钢材质结构，凳面采用了与原鲁班锁相同的朱红色防腐木，保留了其大气明艳的设计风格，也与周围的环境相融合。放置植物的地方则采用了彩色有机晶体填充物，使其可以更好地映衬其内种植的植物，增强感官方面的体验。解构出的座椅与娱乐设施主要分布在以下几个区域。

中心广场：中心广场是一处极为重要的景观，因此也成为了座椅和娱乐设施的主要分布区域。为了使它们的分布不影响到广场的主要使用功能，座椅与娱乐设施主要分布在广场周边较为安静的区域，尽量让需要安静休憩的使用者与需要娱乐游览的使用者互不干扰。设施按照广场圆心排列，加强中心感，并与广场整体的放射形延伸相呼应，使其成为一个整体。

道路两侧：座椅形式的解构部件主要沿几条主要道路分布，供想要休息的行人使用。座椅背面种植有灌木类植物，与后面的其他功能区相隔开，营造了一个相对私密的空间，以便让使用者能够得到更好的体验感。

景点内部：每个景点内都放置了少量座椅和娱乐设施，位置相对随机，确保使用者在想要暂时休息的时候可以方便地使用，提升体验感。

以上校园广场景观设计参见图 5-3-32～图 5-3-46。

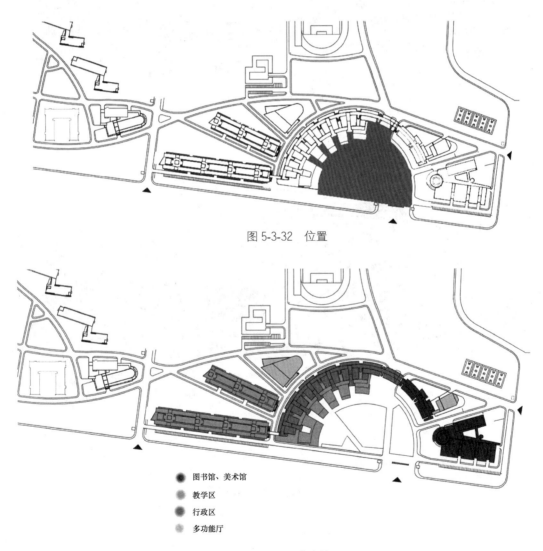

图 5-3-32　位置

图书馆、美术馆

教学区

行政区

多功能厅

图 5-3-33　周边建筑

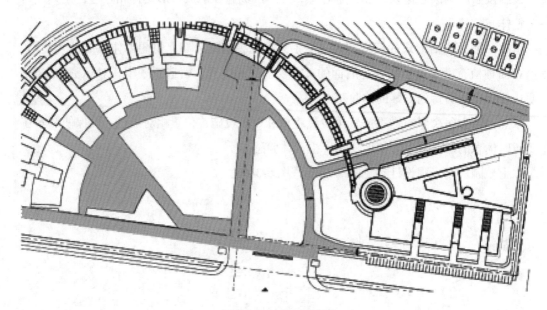

图 5-3-34　周边交通

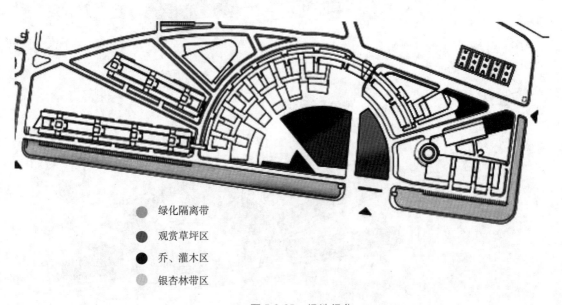

绿化隔离带

观赏草坪区

乔、灌木区

银杏林带区

图 5-3-35　场地绿化

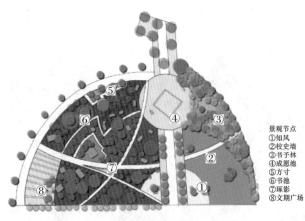

景观节点
①知风
②校史墙
③书于林
④成愿池
⑤方寸
⑥书池
⑦琢影
⑧文期广场

图 5-3-36 总平面图

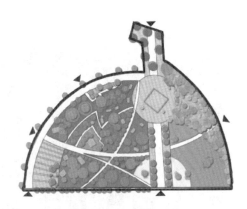

图 5-3-37 边界与入口

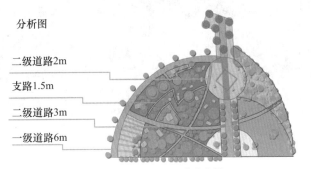

分析图

二级道路2m
支路1.5m
二级道路3m
一级道路6m

道路分析

图 5-3-38 道路设计

图 5-3-39 听风

图 5-3-40　校史墙

图 5-3-41　琢影

图 5-3-42　书池

图 5-3-43　方寸

图 5-3-44　书予林

图 5-3-45　文期广场

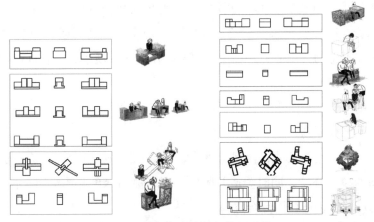

图 5-3-46　鲁班锁的解构与重构

5.3.4　山东滨州学院校园景观设计

1.项目解读

滨州学院是一所省属全日制普通本科院校，坐落在兵圣孙子故里、渤海革命老区、美丽富饶的黄河三角洲中心城市——滨州市。学院主动对接行业和区域经济社会发展需求，提出了"顶天（对接航空业）立地（对接区域）"的发展思路，确立了建设以航空为主要特色的高水平应用型大学的办学目标定位，制定并实施"三步走"发展战略，学校各项事业蓬勃发展。

学校重视科学研究，建有省级重点学科 7 个，山东省黄河三角洲生态环境重点实验室、山东省通用航空运行与制造工程实验室、山东省通用航空运行与制造协同创新中心、山东省海洋经济数据处理与应用工程技术协同创新中心等省部级创新平台 13 个，省高校创新平台 5 个。《滨州学院学报》被评为"全国地方高校名刊"，"孙子研究"栏目入选教育部"名栏建设工程"。

"明德砺学日新致远"的校训，涵盖了品格修养、教育思想、科学精神和时代精神，体现了学校的办学理念、办学宗旨和办学特色，能够起到塑造和提升学校品牌魅力形象，凝聚人心，激励师生员工奋进的作用。

滨州学院北临黄河八路，南临黄河五路、黄河六路，东与新立河东路相接，西与勃十一路相连。交通便利，环境优美，地理位置优越。滨州学院的校园功能分为三大部分，分别是：西北侧的生活区、北侧的运动区以及东南侧的教学区。学院内现有建筑的配套环境尚不完善，植物的种类较少，高低层次没有明确，季相性变化较弱，地面铺装与建筑材质色彩未能很好地融合。

2.景观主题

依据校园教学特色和建筑类型将校园景观分为三大文化主题："惠风和畅"体现出孙

子文化的历史传承，风代表着滨州学院的航空特色文化，在历史的附托中更高更强；"高飞远翔"标志着学院的航天事业能够如同大鹏展翅飞得更高更远；"海晏山河"表达学校对于黄河文化和生态的突出研究，描绘滨州学院在快速发展中，迈着沉稳的步伐，稳中求进，稳中向好。

3. 设计原则

（1）人文生态性原则

发挥景观植物的生态功能，合理构建乔灌草藤人工植物群落，营造三季有花、四季常青、优美舒适的校园环境。同时塑造开敞性、网络性的绿色开放空间，强调人性化设计，创造人文生态环境，创造校园复合空间。

（2）文化特色性原则

校园规划中校园特色的塑造是一个关键词，从学校的学科、地域和科研等方面凝练航空、黄河三角洲文化和孙子文化研究等特色，在景观规划中加以体现，通过景观节点的主题化设计提升校园的文化内涵。

（3）空间整体性原则

整合原有校园空间，延续一期景观空间结构，注重景观的特征性、序列性，将不同形态与内容的空间组合成主次分明的有机整体。设计以交流为主的共享空间，满足产、学、研一体化的复合功能。

4. 项目特色

（1）特色鲜明的校园文化

构建主题，对场地进行"一轴三心"的布局。呼应主题建造景观节点和设施，呼应设计主题起到丰富场地内部功能的作用并使之形成学校标志性构筑物。

（2）开敞交流的共享空间

为学生生活而营造，以使用者的不同需求为基础，通过设计划分多样化的主题活动空间，创造独具特色与功能互补的分区，创造出有视觉层次和丰富度的立体化空间，让场地成为交流活动与学习合作的发生器。

（3）移步异景的空间序列

以路线为引导，丰富场地内部交通流线，创造多条便捷的路线通往景观节点，形成完整交通体系和移步异景的空间序列。通过不同种类的植物配置增强植物季相性变化，四时景观演替，形成"三季有花，四季常绿"的优良生态景观，增强植物整体序列感。

5. 景观结构

一条主要轴线贯穿整个校园，并与多条次要轴线构成了这次规划的主体空间结构骨架，通过对原校园与扩建校园的空间结构分析，规划出的轴线能够很好地将两块区域在景观层面上联系起来。在轴线的主要位置和轴线的对景位置配置主要景观节点，而次要节点分布在具有较强围合性的庭院空间以及轴线附近的线性空间。

6. 分区设计

（1）惠风和畅：孙子文化空间设计

孙子文化空间由五全之心、智仁之道、易风翼展组成。

五全之心的"全"是整个孙子兵学理念最精华的一个部分，它是孙子对于战争最理想主义的一种阐释。在《谋攻篇》一开始，孙子一连提出"五全"（全国、全军、全旅、全卒、全伍），孙子通过"全"观念所追求的是敌对双方以最小的代价解决争端，最终将战争的破坏以及战争所带来的灾难降到最低。校园的主要入口区，在地形上做了细微的调整，给学生一个自由的放松空间，可以举办演出，也是室外活动的最佳选择。与校门紧密相连的区域人员密集，推广孙子文化，其中孙子雕塑，通过高乔木进行遮挡，一方面起到了视觉上前后的遮挡，另一方面衬托出孙子雕塑的庄严。与教学楼相连区域是安静的洽谈空间，是与外界开放性广场的缓冲地带。道路南侧通过高乔木的分割划分人车双向道路，并提供洽谈休息区域，同时也可以成为不错的等待休息区。

智仁之道：孙子兵学最为核心、最受推崇的便是他的"智慧"和"谋略"，以智慧"不战而胜"，以谋略"安国治军"，孙子兵法中提到，施"仁"道才能得到人民的支持，提倡为人处世要为他人考虑，希望学生能够本着"仁义"的品行，为国家多做贡献。主轴交通置入雕刻十三章《孙子兵法》的石碑。《孙子兵法》是智慧之学，不仅蕴含着重要的思想理论基础和文化底蕴，更能为构建校园文化提供有益借鉴与启示，对高校大学生人文素质教育有一定的价值。设计的几何形体拼接装置，寓意无论外界如何干扰、扭转，内心从来都不会被改变，也正如孙子作风一般。宿舍楼旁林荫休息区设计为学生提供休息放松场所。学术活动区的设计为学生提供了在木质平台短暂停留休憩的功能。学术活动区的十字入口设计开阔且标识性强，可以有效疏散人群。景观主轴线入口广场，有效汇入人流，道路两旁植物作场景点缀。

易风翼展：用风的变换来形容改革，合适的风向变换能够帮助鸟儿展翅高飞，寓意改革对航天事业的助力。设计形式的表达多采用折线，既表达了航空技术发展的曲折，也结合了孙子对于改革大力支持的政治理念。体育馆东侧步行道休息区采用木质座椅和碎石堆叠的景墙，融合了自然的气息。篮球场两侧的休闲座椅满足了人群需求而且道路旁的林荫使休憩更加舒适。生活服务楼前的人行道路种植大量绿植，使环境的使用舒适感和美观感大大提升。景墙和雕塑的加入，巩固了空间的主题性和文化性。生活服务楼之间安置廊架，能够为学习交流区域提高舒适度，并且丰富景观色彩。

（2）海晏山歌：黄河三角洲文化主题空间设计

海晏山河区域的空间主要体现的是黄河三角洲文化，主题又划分了两个层面，即黄河赞歌和黄河之舟，分别通过教学楼北边的绿地和教学楼的内庭院景观来呈现。多利用浮雕文化墙、微地形的高差、读书长廊、高低错落的木座椅、相关石刻等方式展示黄河三角洲的区域文化，营造交流洽谈空间和轻松愉快的学习场所。

（3）高飞远翔：航空主题文化空间设计

高飞远翔分区寓意着学院的航空事业蓬勃发展。主题下又分为三个方面，分别是：工业赞歌、航志凌云、航源流长。采用系统设计手法，根据不同空间的文化定位配置不同的构筑物、景观小品，植物配置上着重表现自然绿色生态，使得整个空间形成一个整体。

工业赞歌：工业革命之后，世界进入了新的时代，科技的蓬勃发展为人类的生活谱写出了新的篇章。通过构筑物、景观小品来体现主题，提炼飞机外形折线的元素放置于景观座椅中或做地面铺装，营造出航空文化的休闲氛围。在工业赞歌这一空间的中心处放置景观构筑物，此构筑物提取了飞机尾翼的形态特征，并且运用钢结构作为支架，烘托强烈的工业氛围，又伴以自然形态的丛草作为陪衬，工业味道十足。构筑物构建起围合空间的顶面，构筑物的顶面采用深浅蓝色进行拼合模拟天空。

航源长流：航源长流为航空历史展示区，展示区结合廊架，满足休憩、展示的主要功能，廊架结构围合形成的内空间放置点景树增加场景的意境。此外，在植物的配置上摒弃了过多的人为设计干扰，体现最质朴的自然之美。廊架顶面、立面、地面的造型取自于河流及飞机航道，寓意着航空文化能够犹如河流一样源远流长。

航志凌云的空间设计力求展现航空人的飞天梦。纸飞机表达飞天梦的起点，而"飞云之下"休息区烘托梦想空灵的氛围，搭配较高植物作为背景，使人感到舒适空灵。入口形象处放置未起飞的纸飞机，标志航天梦的开端，飞机指向入口处，暗示使用者的动线。

滨州学院校园景观设计参见图 5-3-47～图 5-3-89。

图 5-3-47　项目现状

新竹交通大学

九州产业大学

通化市杨靖宇干部学院

图 5-3-48 优秀案例

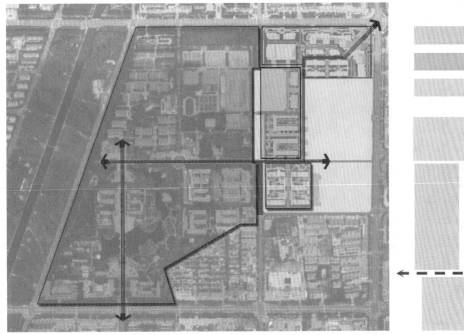
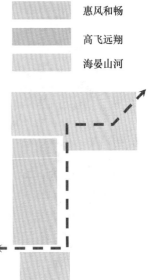

惠风和畅

高飞远翔

海晏山河

图 5-3-49 景观主题

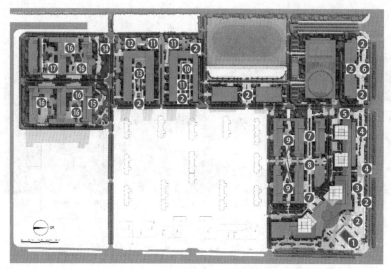

① 入口广场		
② 休息区	⑩ 活动区	
③ 孙子雕塑	⑪ 景观主题构筑物	
④ 单车停车场	⑫ 林下休憩空间	
⑤ 静谧休息区	⑬ 文化廊架	
⑥ 点景树	⑭ 黄河之舟入口	
⑦ 孙子文化展示区	⑮ 主题文化景墙	
⑧ 文化雕塑	⑯ 景观石刻	
⑨ 学习交流区	⑰ 景观木刻	

图 5-3-50　景观平面

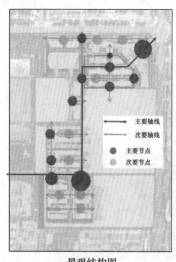

景观结构图

| 主要轴线 |
| 次要轴线 |
| ● 主要节点 |
| ● 次要节点 |

交通路线图

| 一级流线 |
| 二级流线 |
| 三级流线 |

功能分区图

| 运动区 |
| 教学区 |
| 产学研教学区 |
| 生活区 |

图 5-3-51　布局分析

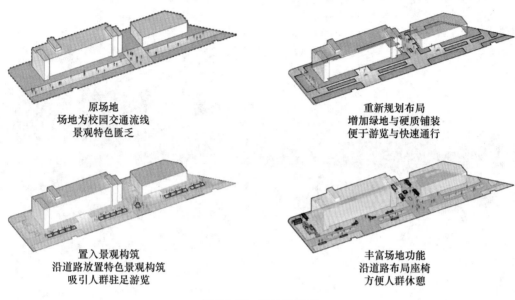

图 5-3-52　设计思路①

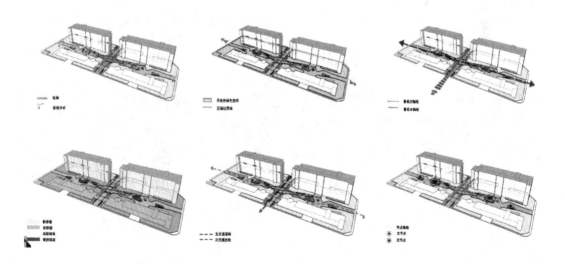

图 5-3-53　设计思路②

图 5-3-54　节点设计①

图 5-3-55　节点设计②

休闲洽谈区

景观树池

图 5-3-56 节点设计③

学习交流区

图 5-3-57 节点设计④

图 5-3-58　节点设计⑤

图 5-3-59　节点设计⑥

图 5-3-60　节点设计⑦

图 5-3-61　节点设计⑧

图 5-3-62 节点设计⑨

图 5-3-63 节点设计⑩

图 5-3-64　节点设计 ⑪

图 5-3-65　节点设计 ⑫

图 5-3-66　节点设计 ⑬

图 5-3-67　节点设计 ⑭

图 5-3-68　节点设计 ⑮

图 5-3-69　节点设计 ⑯

读书长廊

图 5-3-70　节点设计 ⑰

休闲洽谈区

图 5-3-71　节点设计 ⑱

图 5-3-72 节点设计 ⑲

图 5-3-73 节点设计 ⑳

石刻

木座椅

图 5-3-74　节点设计 ㉑

黄河文化石刻

木座椅

图 5-3-75　节点设计 ㉒

图 5-3-76　节点设计 ㉓

图 5-3-77　节点设计 ㉔

图 5-3-78　节点设计 ㉕

图 5-3-79　节点设计 ㉖

图 5-3-80　节点设计 ㉗

图 5-3-81　节点设计 ㉘

休闲座椅

图 5-3-82　节点设计 ㉙

主题折线铺装

景观座椅

图 5-3-83　节点设计 ㉚

图 5-3-84 节点设计 ㉛

图 5-3-85 节点设计 ㉜

图 5-3-86 节点设计 ㉝

图 5-3-87 节点设计 ㉞

点景树

景观廊架

图 5-3-88 节点设计 ㉟

飞云之下

仿纸飞机
小品

休息区

图 5-3-89 节点设计 ㊱

参考文献

[1] 彭一刚. 中国古典园林分析 [M]. 北京：中国建筑工业出版社，2008.

[2] 诺曼·K. 布思. 风景园林设计要素 [M]. 曹礼昆，译. 北京：北京科学技术出版社，2018.

[3] 成玉宁. 现代景观设计理论与方法 [M]. 南京：东南大学出版社，2010.

[4] 刘滨谊. 现代景观规划设计 [M].4 版. 南京：东南大学出版社，2018.

[5] 巴里·W. 斯塔克，约翰·O. 西蒙兹. 景观设计学——场地规划与设计手册 [M].5 版. 北京：中国建筑工业出版社，2019.

[6] 王向荣，林箐. 西方现代景观设计的理论与实践 [M]. 北京：中国建筑工业出版社，2002.

[7] 张启翔. 现代景观设计思潮 [M]. 武汉：华中科技大学出版社，2009.

[8] 堀内正树. 图解日本园林 [M]. 南京：江苏科学技术出版社，2018.

[9] 俞孔坚. 理想人居溯本 [M]. 北京：北京大学出版社，2020.

[10] 简·布朗·吉勒. 彼得·沃克景观设计作品集 [M]. 姚香泓，等译. 大连：大连理工大学出版社，2006.

[11] 徐宁. 贝聿铭与苏州博物馆 [M]. 苏州：古吴轩出版社，2007.

[12]《国际新景观》杂志社. 国际新景观 [M]. 武汉：华中科技大学出版社，2008.

[13] 俞孔坚，庞伟. 足下文化与野草之美：产业用地再生设计探索. 岐江公园案例 [M]. 北京：中国建筑工业出版社，2003.

[14] 马库斯·詹斯奇. 景观艺术与城市设计 [M]. 南京：江苏凤凰科学技术出版社，2016.

[15] 俞孔坚，石颖. 人民广场：都江堰广场案例 [M].北京：中国建筑工业出版社，2004.

[16] 刘师生，扬帆. 现代新景观设计作品集成（1、2 册）[M].大连：大连理工大学出版社，2008.

[17] 彭一刚. 感悟与探寻：1994—1999 建筑创作·绘画·论文集 [M].天津：天津大学出版社，2000.

[18] 俞孔坚. 2010 上海世博园——后滩公园 [M].北京：中国建筑工业出版社，2010.

[19] 张炯，余岚. 金茂大厦的建筑文化解读 [J].新建筑，2001（3）：2.

[20] 凤凰空间. 创意分析：图解景观与规划 [M].南京：江苏人民出版社，2012.

[21] 王向荣. 景观笔记：自然·文化·设计 [M].北京：生活·读书·新知三联书店，2019.